ESSAIS

DE

PALÉOCONCHOLOGIE

COMPARÉE

PAR **M. COSSMANN**.

PREMIÈRE LIVRAISON

(Février 1895)

PARIS

CHEZ L'AUTEUR	COMPTOIR GÉOLOGIQUE
95, RUE MAUBEUGE, 95	53, RUE MONSIEUR-LE-PRINCE, 53

[illegible]

CONFESSION

[illegible]

ESSAIS

DE

PALÉOCONCHOLOGIE COMPARÉE

ESSAIS

DE

PALÉOCONCHOLOGIE

COMPARÉE

PAR M. COSSMANN.

PREMIÈRE LIVRAISON

(Février 1895)

PARIS

CHEZ L'AUTEUR | COMPTOIR GÉOLOGIQUE
95, RUE MAUBEUGE, 95 | 53, RUE MONSIEUR-LE-PRINCE, 53

PRÉFACE

La classification des mollusques fossiles présente, pour les paléontologistes, les plus grandes difficultés : non seulement ils n'ont à leur disposition que la coquille qu'habitait l'animal, mais encore la fossilisation enlève trop souvent à cette coquille les caractères qui pourraient guider l'observateur. Quand le test n'a pas été complètement détruit par les actions chimiques ou par la pression, il est du moins privé des couleurs qui sont si utiles pour l'étude des coquilles des mers actuelles ; parfois il est empâté dans une gangue sous laquelle il faut deviner — plutôt qu'on ne les aperçoit réellement — la forme des parties les plus importantes de la coquille. Aussi, quand les malacologistes qui s'occupent de conchyliologie récente ont déjà tant de peine à se mettre d'accord sur la classification systématique d'êtres dont ils connaissent presque tous les organes, on se demande s'il est vraiment possible, en se fondant seulement sur ce principe « qu'à une modification de l'animal correspond généralement une modification de la coquille », d'établir une méthode paléoconchologique.

Au début de la recherche des fossiles, et même dans la première moitié de ce siècle, la paléoconchologie est restée à l'état rudimentaire : les plus illustres de nos maîtres en géologie stratigraphique, se sont bornés à appliquer aux coquilles qu'ils recueil-

laient, même dans les terrains les plus anciens, les noms des formes
existant encore aujourd'hui dans la nature, en négligeant peut-
être à dessein, des différences qu'un examen plus attentif permet
d'apercevoir. Les travaux de d'Orbigny, Deshayes, Conrad, Meek,
Gabb, Zittel, Stoliczka, Waagen, Bayan, Gemmellaro, de Koninck,
Sacco, Œhlert, von Ammon, Koken, Kittl, Hudleston, etc..., et de
beaucoup d'autres paléontologistes éminents qu'il serait trop long
d'énumérer, ont ouvert un nouvel horizon : cessant de redouter l'in-
troduction de nouveaux genres et de nouvelles familles, admettant la
nécessité de séparer complètement certaines formes éteintes après
chaque période géologique, ils ont apporté, pierre à pierre, les
matériaux d'un monument dont le siècle prochain verra peut-être
l'achèvement.

Ainsi qu'il arrive ordinairement, une réforme de cette importance ne s'accomplit jamais sans que quelques-uns de ceux qui
luttent pour la réaliser dépassent le but : on craignait autrefois
de multiplier les genres, aujourd'hui on en abuse quelquefois
jusqu'à l'excès. La vérité scientifique est nécessairement entre
ces deux extrémités ; le talent du conchyliologue consiste précisément à se maintenir dans un terme moyen, en s'inspirant de
l'ensemble des faits et en accordant à chacun des caractères par-
ticuliers l'importance relative qui lui convient ; c'est à cette
double condition qu'on peut éviter une tendance aussi funeste
pour la netteté de la classification malacologique, que l'était
l'examen insuffisant à la suite duquel nos prédécesseurs réunis-
saient des êtres très différents.

Il semble donc que le moment est venu de résumer la situa-
tion actuelle des connaissances paléontologiques dans une sorte
de Manuel, où seraient méthodiquement discutés et comparés les
rapports des familles et des genres créés jusqu'à présent, où l'on
n'admettrait, avec de sérieux motifs à l'appui, que les coupes qui
méritent réellement d'être conservées, enfin, où l'on proposerait
la création de nouvelles subdivisions chaque fois que la nécessité
s'en ferait impérieusement sentir. Il existe déjà d'excellents

Manuels de Conchyliologie, par exemple ceux de Tryon et de
Fischer, encore tout récents ; on pourrait penser qu'après la publication de travaux aussi complets, il suffira désormais de les tenir
au courant, en y intercalant, page par page, les noms nouveaux
qu'on admet définitivement. Mais ces ouvrages sont plutôt des-
tinés aux coquilles actuelles qui y occupent une importance
prépondérante, la Paléontologie n'y joue qu'un rôle en quelque
sorte accessoire ; en tous cas, les assertions des auteurs, relatives
à l'existence des formes actuelles dans les temps géologiques,
n'y ont été l'objet d'aucune vérification, de sorte que la question
reste entière. Il y a aussi de nombreux et de très bons Manuels
de Paléontologie, les uns abrégés, les autres beaucoup plus
développés, qui embrassent l'histoire de tous les êtres organisés
fossiles, depuis les mammifères jusqu'aux plantes, de sorte que
la Conchyliologie proprement dite n'y peut occuper qu'une place
relativement restreinte : ainsi le meilleur et l'un des plus récents
de ces Manuels, celui du savant professeur Zittel, consacre cent
quatre-vingts pages aux Gastropodes; il reste donc encore beaucoup à faire dans cette voie.

Voici, d'après notre opinion, le but que devrait se proposer
l'auteur d'un travail qui réaliserait complètement notre idéal
sur cette question :

Reprendre, autant que possible d'après l'espèce typique, la diagnose détaillée de chaque genre, sous-genre ou section fossile,
en la complétant s'il y a lieu et en l'accompagnant d'une ou de
plusieurs figures qui en reproduisent fidèlement les caractères
essentiels ; établir, pour chacune de ces coupes, les rapports et
les différences qu'elle présente avec les autres formes de la
même famille ; en déduire la valeur relative qu'il y a lieu de
leur attribuer, soit comme genre, soit comme sous-genre, soit
comme section ; faire suivre ces observations d'un tableau indiquant, pour chacune des coupes admises, les espèces qui
attestent authentiquement son existence à tel ou tel niveau stratigraphique ; en conclure, enfin, quel a été l'ordre successif

d'apparition des divers membres d'une même famille, depuis l'époque paléozoïque la plus reculée jusqu'à l'époque actuelle.

Nous n'avons pas la prétention de croire que la publication que nous commençons aujourd'hui répondra exactement à tous les points de ce programme, car il y a toujours des matériaux qui font défaut même à ceux qui sont le mieux secondés ; aussi nous bornerons-nous à l'intituler « Essais de Paléoconchologie comparée », titre indiquant que nous nous sommes efforcés de nous rapprocher le plus possible du but consistant à établir une comparaison entre la faune fossile et celle des mers contemporaines ou de nos continents, de manière à fixer approximativement la position systématique des formes éteintes.

Pour exposer les résultats de cette étude, on peut procéder soit par analyse, soit par synthèse : nous avons été contraints de laisser de côté la méthode analytique, bien qu'elle soit plus conforme à l'ordre naturel des recherches, ainsi qu'à la réalité probable de l'évolution qu'ont subie les êtres organisés depuis leur apparition sur la terre : mais elle nous aurait conduit à une exposition peu claire, à des redites inévitables. Pour définir ce système analytique, on peut le comparer à un éventail déployé, dont les branches rayonnantes représenteraient la subdivision plus ou moins régulière des formes ayant une même origine ancestrale : l'analyse consiste à prendre isolément l'histoire de chacune de ces branches, du centre à la circonférence ; pour les passer toutes en revue il faut remonter chaque fois à l'origine ; ce système est évidemment inadmissible dans un Manuel. Nous avons donc admis, comme point de départ, la classification des mollusques vivants, en y intercalant ceux qui n'existent plus ; pour adopter la même comparaison que ci-dessus, cette méthode synthétique consiste à suivre, au contraire, la circonférence de l'éventail dont les branches figurent plus ou moins exactement l'enchaînement naturel des êtres de la création. Avec les renseignements stratigraphiques accompagnant chaque définition, le paléontologiste qui n'étudie que la faune d'un seul terrain, n'a plus alors qu'à tracer sur l'éventail, à la hauteur qui correspond à ce terrain, le cercle intermédiaire contenant tous les mollusques dont l'existence y a été signalée.

Il y a d'ailleurs un autre motif qui oblige à ajourner cette histoire de la création successive des mollusques à une époque où l'on sera mieux fixé sur le but de chacune des parties de la coquille qu'ils habitent. Dans l'état actuel de nos connaissances, il est impossible d'expliquer pourquoi un genre est caractérisé par l'existence de plis columellaires, pourquoi le labre est incliné plutôt dans un sens que dans le sens opposé, pourquoi les tours embryonnaires ont un enroulement différent de celui des autres tours de la spire, pourquoi l'ouverture passe graduellement de la forme holostomée à la forme siphonostomée, etc., etc..., toutes ces questions ont-elles même jamais été posées, et en admettant qu'un conchyliologue en ait cherché la solution, s'est-il suffisamment inspiré de l'anatomie ou des mœurs de l'animal pour pouvoir en conclure quelle doit être sa coquille? Inversement, l'anatomiste qui étudie les organes respiratoires ou reproducteurs, les fonctions digestives, la circulation ou le système nerveux des mollusques, en a-t-il jamais conclu quelle doit être la forme de la coquille qui l'abrite? Il est certain cependant que cette corrélation existe, qu'elle est intimement liée aux mœurs, au mode de locomotion de l'animal, qu'elle dépend des conditions de son existence, du milieu qu'il habite, de la température, de la profondeur, de l'éclairement même des masses liquides qui le recèlent.

Pour résoudre ces problèmes obscurs, il faudrait une collaboration intime entre l'anatomiste et le conchyliologue qui travaillent trop souvent indépendamment l'un de l'autre ; il nous manque surtout l'observation de tous les faits dont se compose la vie du mollusque, soit qu'il se déplace, soit qu'il s'alimente, soit qu'il secrète, de manière à saisir ce que devient et à quoi peut lui servir sa coquille dans chacun de ses actes. Si toutes ces lacunes étaient comblées, il n'est pas douteux qu'en tenant compte du milieu géologique dans lequel ont dû vivre les êtres aujourd'hui fossiles, on trouverait que la forme de leur coquille correspond exactement à leur âge stratigraphique. Mais nous ne pouvons malheureusement qu'émettre des hypothèses sur ces questions à peine effleurées, et souhaiter que la lumière se fasse bientôt sur elles.

Quoi qu'il en soit, puisqu'il ne nous est pas donné d'apporter une solution, nous avons pensé qu'il serait du moins utile d'appeler l'attention sur les parties de la coquille qui peuvent jouer un rôle essentiel dans la distinction des familles et des genres ; aussi, avant d'entrer en matière, donnons-nous ci-après quelques considérations sommaires et principalement des définitions pour fixer les idées.

FORME DES GASTROPODES

Les Gastropodes sont plus ou moins complètement enroulés, soit symétriquement par rapport à un plan qui divise la coquille en deux parties absolument pareilles, soit asymétriquement autour d'un axe presque toujours rectiligne : il est extrêmement rare que cet axe soit courbé ou irrégulièrement tordu. L'enroulement forme une spire dont les tours sont tantôt lâches, tantôt resserrés en contact, et dans ce cas, la ligne séparative de deux tours consécutifs se nomme suture.

Dans les coquilles symétriques, la superposition des tours se fait, en général, régulièrement, de sorte que, sauf pour les genres à spire déroulée, les sutures forment, de chaque côté, une spirale identique, dont la cavité dépend de l'accroissement plus ou moins rapide de l'épaisseur de chaque tour : cette cavité, qu'on nomme ombilic, a un galbe conique quand l'accroissement est constant, ovoïde quand cet accroissement est plus rapide pour l'épaisseur des tours que pour leur hauteur, évasé quand c'est l'inverse ; les deux faces, toujours égales puisqu'il y a symétrie par rapport au plan médian, ne sont jamais absolument planes, et encore moins convexes, puisque les premiers tours sont nécessairement moins épais que le dernier. Les tours des coquilles symétriques se recouvrent successivement, c'est-à-dire sont embrassants, de sorte qu'on n'aperçoit leur surface dorsale que sur le dernier, et, dans chaque ombilic, une faible partie non recouverte des tours précédents.

On passe des formes symétriques aux formes asymétriques, dès que les deux ombilics ne sont plus égaux en profondeur : il y a alors le côté de la spire et la face interne ou ombilicale au centre de laquelle est censé s'élever l'axe idéal de l'enroulement. Ce n'est pas toujours la face la plus profonde des coquilles discoïdales qui est leur véritable ombilic ; il y a même des individus dont la face ombilicale est saillante, comme si c'était le côté de la spire, tandis que ce dernier est en creux, comme s'il avait subi un effort de pression qui l'eût retourné à l'instar d'un gant.

Les tours des coquilles asymétriques sont entièrement embrassants, comme ceux des coquilles symétriques, quand la coquille est discoïdale, ou même quand sa spire est élevée et que son ombilic est largement ouvert; mais, à mesure que la superposition d'un tour sur le précédent se fait de moins en moins symétriquement, la paroi de chaque tour qui confine à l'ombilic, ou paroi columellaire, prend plus de développement, l'ombilic se rétrécit, ou même se ferme complètement, de sorte que les parois opposées se touchent, que l'axe idéal de la coquille se trouve matérialisé sous la forme d'une sorte de pilier creux ou plein, auquel on donne généralement le nom de columelle. Néanmoins, les tours peuvent encore être embrassants et même recouvrir toute la spire, comme cela a lieu dans les coquilles complètement involvées, dont la face de la spire est restée ombiliquée, tandis que c'est, au contraire, la face columellaire qui est saillante (*Bullidæ*).

Au contraire, dans d'autres familles, les tours se superposent presque sans se recouvrir (*Scalidæ*); la spire est lâche, les sutures sont alors très profondes, et quelquefois les derniers tours complètement détachés (*Vermicularia*), soit en spirale, soit dans une direction indéterminée.

Enfin, si le tube, dont l'enroulement compose la spire, est incomplètement fermé, il n'y a ni columelle, ni ombilic : les tours sont intérieurement ouverts (*Scaphandridæ*, *Haliotidæ*) ; on les aperçoit jusqu'au sommet si le pilier spiral, ou bord interne, autour duquel ils s'enroulent, n'est pas trop épaissi. On cite même un genre (*Velainella*) dont le pilier spiral s'applique sur la paroi externe, de sorte que la coquille est réduite à un tube ouvert, presque comme dans les *Scaphopoda*.

Les Gastropodes symétriques peuvent indifféremment être posés à plat, d'un côté ou de l'autre, sur un plan parallèle à leur plan de symétrie. Quant aux Gastropodes asymétriques, principalement ceux dont la spire est saillante, on appelle coquille dextre celle dont les sutures sont orientées dans le sens d'inclinaison de la flèche A (fig. 1) ; on nomme, au contraire,

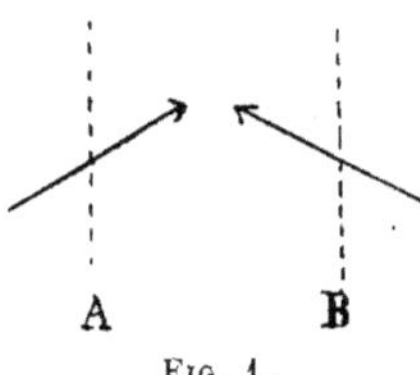

Fig. 1.

sénestre tout Gastropode dont la suture a l'inclinaison de la flèche B, l'axe vertical étant, dans les deux cas, indiqué par la ligne pointillée qui croise cette flèche.

Si la superposition des tours se fait avec régularité, si leur croissance suit une progression dont la raison est constante, le profil de la coquille, c'est-à-dire la ligne qui enveloppe le contour extérieur des tours superposés, fussent-ils plans, convexes ou excavés, est une ligne droite également inclinée de chaque côté de l'axe vertical, de sorte que le galbe de la coquille est parfaitement conique (*Calliostoma*, *Niso*) ; l'angle au sommet de ce cône est ce que d'Orbigny a nommé angle spiral de la coquille. Si, au contraire, l'accroissement des tours se fait irrégulièrement, c'est-à-dire si le rapport entre les dimensions homologues des tours consécutifs varie d'un tour à l'autre, le profil de la coquille est nécessairement curviligne : quand le rapport entre la hauteur de chaque tour (comptée dans le sens vertical) et sa argeur (mesurée dans le sens perpendiculaire à l'axe vertical) va en diminuant à partir du sommet, le profil est concave, et le galbe s'évase depuis le premier tour jusqu'au dernier, on dit alors qu'il est extraconique ; inversement, lorsque le rapport entre la hauteur et la largeur de chaque tour va en croissant, le profil est convexe, le galbe se contracte, la coquille devient conoïde ou encore pupiforme.

Il y a, dans les Pulmonés, quelques rares exemples de coquilles dont le galbe, après avoir été extraconique au début, devient conoïde dans les derniers tours (*Eucalodium*) ; mais il ne paraît pas qu'il existe d'exemple du phénomène inverse, à moins d'exceptions tératologiques.

La rapidité de la croissance des tours de spire est en fonction directe du nombre de ces tours ; la coquille est généralement paucispirée quand cet accroissement est très rapide, multispirée ou polygyrée, quand il se fait lentement ; mais c'est surtout à l'inclinaison des sutures par rapport au profil, c'est-à-dire à l'angle sutural, que se mesure la rapidité de la croissance : ces sutures sont presque horizontales quand la superposition des tours est lente, très inclinées sur l'axe vertical quand la croissance est rapide ; cette inclinaison augmente quelquefois au dernier tour, dont la suture remonte obliquement vers l'ouverture : on dit alors qu'elle est ascendante (*Eligmoloxus, Limnæa*) ; il est rare qu'elle soit descendante, à moins qu'il n'y ait un épanouissement de l'ouverture (*Pterocera, Alaria*).

SOMMET EMBRYONNAIRE

La partie initiale de la spire forme ce qu'on appelle l'embryon de la coquille. La structure de cet embryon, qui a une importance capitale, a été généralement négligée dans l'étude des fossiles, parce qu'il est bien rare, surtout dans les terrains secondaires et paléozoïques, qu'on trouve le test dans un état de fraîcheur suffisant pour que le sommet soit complètement intact, ou encore parce que la cristallisation spathique du test ne permet pas de distinguer nettement de quoi se compose le bouton qui termine le sommet de la spire. Quelle que soit la difficulté de ces recherches, il est impossible de laisser de côté un caractère qui permet souvent de trancher la question du classement d'une forme éteinte aujourd'hui.

On sait que les larves de la plupart des Gastropodes ont une coquille embryonnaire qui, tantôt ne diffère pas sensiblement de celle des adultes, tantôt présente une structure tout à fait distincte. On appelle homæostrophes les embryons dont le nucléus est enroulé dans le même sens que le reste de la spire, hétérostrophes ceux dont l'enroulement est inverse ; M. Koken a proposé orthostrophe au lieu d'homæostrophe, mais cette dénomination a l'inconvénient de n'être pas l'opposé exact du mot hétérostrophe, communément admis, et de plus elle donne l'idée d'un enroulement orthogonal, qui n'est pas toujours conforme aux faits.

Embryons homæostrophes. — Même lorsque l'allure de l'enroulement de l'embryon est absolument conforme à celle du reste de la spire, il ne peut cependant former une pointe, dans le sens strictement géométrique, attendu que le stade primitif de la naissance de la coquille doit être représenté par un corps minuscule, il est vrai, mais subglobuleux, qui grossit avant de commencer à s'enrouler, et qui est le nucléus apical de la coquille. Dès que le nucléus est formé, il se développe par accroissement unilatéral, avec un mouvement gyratoire et ascendant, en supposant toujours que le sommet est orienté vers le bas ; il en résulte que le nucléus ne tarde pas à être en contact avec une portion de tour embryonnaire dont il est séparé par une ligne suturale qui a la même direction que les sutures de la spire de la coquille, mais dont l'inclinaison varie quelquefois.

Lorsqu'au nucléus succèdent trois ou quatre tours embryonnaires au moins, généralement lisses et brillants, bien distincts de la spire proprement dite qui est ornée ou qui, lorsqu'elle est lisse, n'est pas aussi brillante, on dit que l'embryon est polygyré (Ex. *Scila mundula*, Desh. de l'Eocène inférieur, fig. 2) ; quelquefois il est, en outre, régulièrement conoïdal (Ex. *Suessionia exigua*, Desh. de l'Eocène inférieur, fig. 3).

L'embryon est, au contraire, paucispiré quand il n'existe qu'un tour ou deux entre le nucléus apical et le premier tour de spire muni de l'ornementation normale de la coquille, ou tout au moins d'une ornementation rudimentaire (Ex. *Newtoniella clavus*, Lamk. de l'Eocène moyen, fig. 4) ; cette ornementation commence subi-

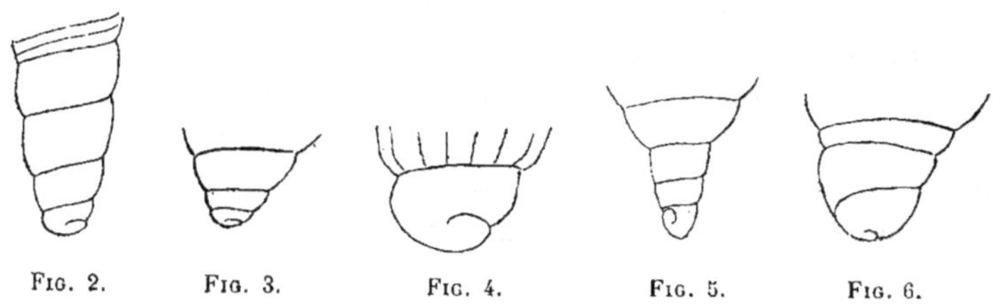

Fɪɢ. 2.   Fɪɢ. 3.   Fɪɢ. 4.   Fɪɢ. 5.   Fɪɢ. 6.

tement, sans aucune transition, soit avec son allure définitive, soit plutôt avec une exagération initiale de l'un des deux éléments aux dépens de l'autre, par exemple des costules d'accroissement quand il n'y a plus que des stries sur les individus adultes.

L'embryon polygyré n'a pas toujours le même galbe que le reste de la coquille, ainsi que cela a lieu dans l'exemple indiqué cidessus : il est styliforme lorsqu'il se compose d'une pointe étroite et subcylindrique à laquelle succède le galbe conoïdal de la spire (Ex. *Stylifer pellucidus*, Desh. de l'Eocène moyen, fig. 5) ; il est globuleux quand il forme un bourgeon plus ou moins régulier, dont le galbe subsphérique, ou même cylindro-conoïdal, n'est pas dans le prolongement du galbe du reste de la spire (Ex. *Voluta fulgetrum*, Sow. des mers actuelles, fig. 6, et *Clavilithes deformis*, Sol. de l'Eocène, fig. 7) ; il est mammillé quand il forme un petit bouton saillant, mucroné quand c'est une pointe.

Les embryons paucispirés sont plus fréquents, et ils présentent une diversité d'allure qui mérite d'autant plus d'appeler l'attention que, par certains côtés, cette allure se rapproche de celle des embryons hétérostrophes ; de sorte qu'il faut parfois y regarder à deux fois avant de se faire une opinion certaine sur le sens de la gyration du nucléus.

Quand il forme un bouton obtus, l'embryon paucispiré peut

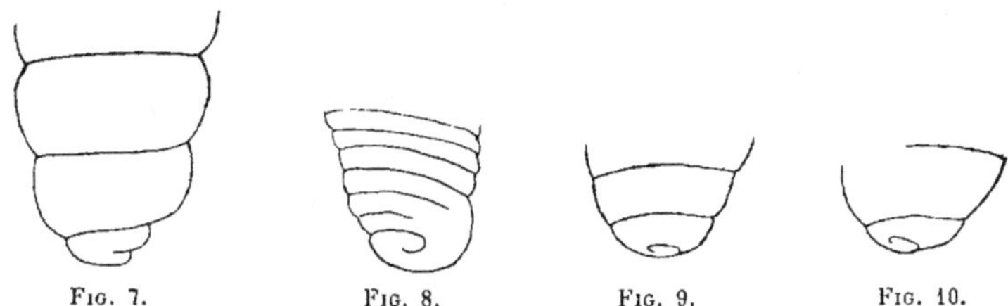

Fig. 7.   Fig. 8.   Fig. 9.   Fig. 10.

être simple (Ex. *Triforis asper*, Desh. de l'Eocène supérieur, fig. 8), ou déprimé, formant une calotte dite en goutte de suif (Ex. *Voluta scapha*, Gm. des mers actuelles, fig. 9, ou *Volvaria Lamarcki* de l'Eocène inférieur, fig. 10), ou tectiforme, c'est-à-dire en cône surbaissé (Ex. *Acrophlyctis Eugenei*, Desh. de l'Eocène moyen), ou encore planorbulaire, c'est-à-dire présen-

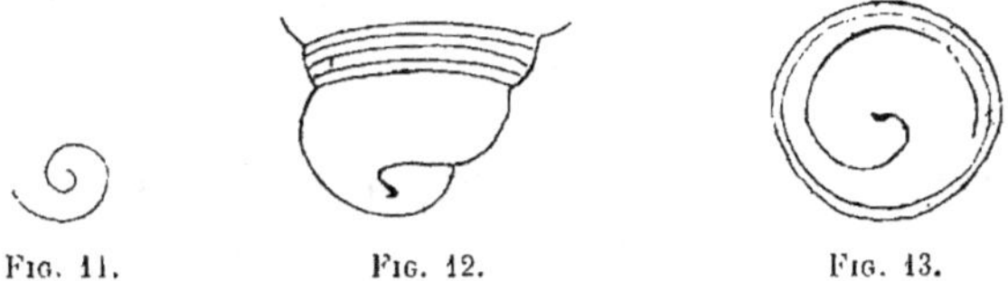

Fig. 11.   Fig. 12.   Fig. 13.

tant un aplatissement comparable à celui de la face de la spire de certains *Planorbis* (Ex. *Volvaria alabamiensis*, Cossm. de Claiborne, fig. 11). Il y a même des genres dont le nucléus embryonnaire est au fond d'une petite dépression, l'embryon est alors dit excavé (Ex. *Tudicla spirillus*, Lin. des mers actuelles, fig. 12) ; parfois le sommet de la coquille se détache dès qu'elle est adulte, l'embryon est tronqué (Ex. *Nystia polita*, Edw. du Ruel, fig. 13), et, dans ce cas, la cicatrice de l'occlusion de l'extrémité de la spire se fait dans une sorte de petit cirque formé par l'épiderme du premier tour, conservé intact après la chute de l'embryon.

Un grand nombre de genres sont caractérisés par un embryon dévié, c'est-à-dire que le nucléus commence son enroulement autour d'un axe qui fait un angle avec celui de la coquille : si le nucléus n'est pas saillant, cette disposition oblique est peu visible ; on s'en aperçoit seulement à ce que la suture est un peu plus

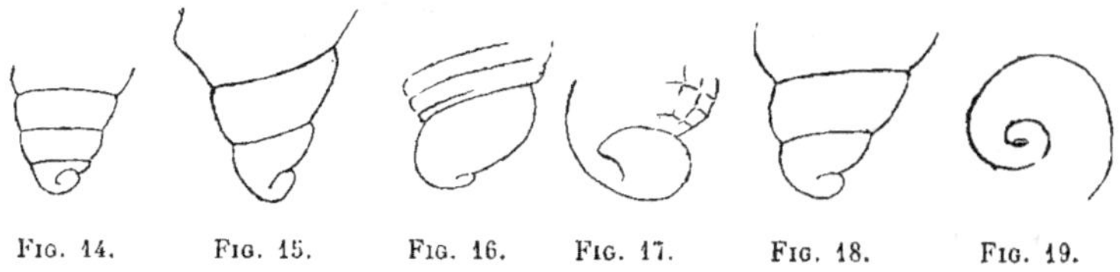

Fig. 14.   Fig. 15.   Fig. 16.   Fig. 17.   Fig. 18.   Fig. 19.

inclinée que ne le comporterait un enroulement tout à fait normal (*Turritella funiculosa*, Desh. de l'Éocène moyen, fig. 14). Mais, quand le nucléus est à peu près disjoint dans une direction complètement oblique, et qu'il forme une sorte de crochet se raccordant avec la spire par un coude plus ou moins arqué, l'embryon est dit papilleux (Ex. *Sipho tenuiplicatus*, Desh. de l'Éocène moyen, fig. 15). Souvent même, l'embryon papilleux est si obliquement dévié que les tours ne sont plus en contact, il est alors détaché (Ex. *Cerithioderma angulatum*, Desh. de l'Éocène moyen, fig. 16 et 17, ou *Homotoma striarella*, Desh. de l'Éocène, fig. 18). Quand l'embryon papilleux forme un bouton globuleux à nucléus dévié, il est dit loxosphérique (Ex. *Clavilithes deformis*, Sol. de l'Éocène, fig. 7). Enfin, il est quelquefois nautiloïde, c'est-à-dire symétriquement enroulé autour d'un axe oblique par rapport à l'axe de la spire asymétrique (Ex. *Lamellaria Berghi*, Desh. de l'île Maurice, fig. 19).

Embryons hétérostrophes. — Il n'est pas aisé de se rendre

compte par quelle torsion géométrique se fait le raccordement entre un embryon sénestre et une coquille dextrogyre, pendant la période qui correspond au passage présumé des organes viscéraux, d'un côté à l'autre de l'axe de la coquille. Avant de montrer, sur des exemples pris d'après des sommets grossis de coquilles hétérostrophes, comment se fait cette délicate jonction, il ne sera pas sans intérêt de représenter par un tracé géométrique les éléments du problème inconsciemment résolu par l'animal lui-même :

Soit une coquille turriculée, par exemple (fig. 20), dont les premiers tours *c d e* s'enroulent autour d'un axe vertical MN, il s'agit d'y souder un embryon sénestre composé de deux tours *a b*, ayant le même angle sutural et le même axe ; si le contour du tour embryonnaire *h*, préparé pour servir de suture au tour

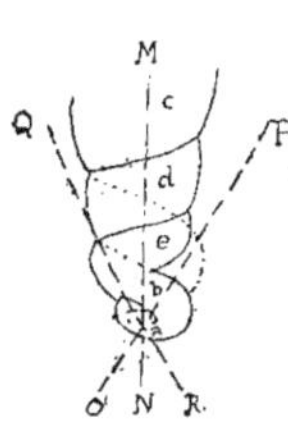

subséquent, suivait le tracé indiqué en pointillé sur la figure, il viendrait couper en *b*, sous un angle aigu, le contour du tour de spire *e*, au lieu de reposer sur lui, de sorte que l'intersection des deux surfaces courbes se ferait dans un pli profond, partant de cet angle *b* et s'atténuant graduellement jusqu'au côté opposé, où les deux courbures viennent en contact avec un plan tangentiel commun ; cette suture idéale ne peut être tracée sur un croquis schématique, mais toute personne familiarisée avec les procédés de la géométrie descriptive peut reconstituer les projections de cette suture en plan et en rabattement.

Fig. 20.

Or, pour peu que l'on ait observé au microscope quelques embryons hétérostrophes, on est en droit d'affirmer avec certitude que jamais on n'y remarque une telle suture, et que le pli *b*, d'ailleurs incompatible avec les lois de la solidité, n'existe pas. On peut donc en conclure : d'une part, que le raccordement entre les deux éléments dont il s'agit, l'embryon et la spire, se fait par une transition graduelle, au cours de laquelle les tendances sinistrogyre et dextrogyre se font d'abord équilibre, puis la première cède à la seconde ; d'autre part, que l'enroulement de l'em-

bryon ne se fait jamais autour du même axeque celui de la coquille,
comme supposait le schéma théorique, ou, en d'autres termes, que
l'embryon hétérostrophe est généralement dévié, soit autour d'un
axe tel que OP qui augmente encore l'apparence papilleuse du
nucléus, soit autour d'un axe tel que QR, qui ramène, au contraire,
ce nucléus en contact avec le reste de la spire.

On ne peut se rendre bien compte de la torsion du fragment de
tour qui raccorde l'embryon avec la spire, qu'en étudiant d'abord
la déviation du nucléus hétérostrophe, quoiqu'il paraisse *a priori*
peu logique d'évaluer un effet de déviation qui se produit par
rapport à l'axe d'une coquille non encore formée, et qu'en réalité
il serait plus juste de dire que c'est cette dernière qui est déviée
par rapport à l'axe initial de l'embryon. Mais on est tellement
habitué à observer la coquille comme l'état normal et l'embryon
comme un phénomène exceptionnellement bien conservé en place,
que cette interversion de termes ne surprendra personne. Le plus

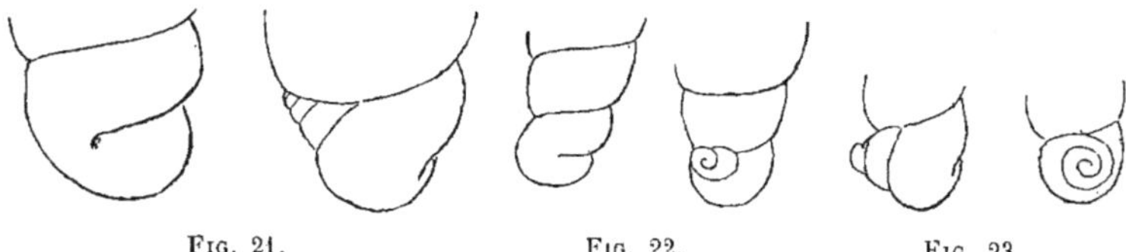

Fɪɢ. 21.   Fɪɢ. 22.   Fɪɢ. 23.

simple sera de choisir une série d'exemples parmi les inclinaisons
les plus apparentes et d'examiner ce que devient la torsion de
raccord, quand l'axe passe de l'inclinaison OP à l'inclinaison QR.

Les formes qui présentent le maximum de déviation embryonnaire sont surtout les *Anisocycla* et *Turbonilla*, dans la famille
Pyramidellidæ : ainsi que l'indiquent les figures 21 (*A. fragilis*,
Desh. de l'Eocène), fig. 22 (*T. tenuiplicata*, Desh.) ou 23 (*Belo-
nidium gracile*, Desh. de l'Eocène parisien), l'embryon se compose
de plusieurs tours sénestres, — on en compte jusqu'à cinq, — qui
s'enroulent autour d'un axe faisant un angle de plus de 45 degrés
avec celui de la coquille, du côté OP, c'est-à-dire en s'orientant

vers l'ouverture de celle-ci : il en résulte que, pour se raccorder
à la spire, le dernier tour de l'embryon subit une torsion héliçoïdale qui déroute absolument l'œil de l'observateur, lorsque
celui-ci n'examine que des vues isolées, prises dans des positions
opposées comme le sont les figures 21 à 23; mais, si l'on fait
patiemment évoluer le sommet de la coquille sous l'objectif du
microscope, on remarque que le dernier tour sénestre, au lieu de
continuer son enroulement ascendant de droite à gauche, dévie
d'abord perpendiculairement à l'axe d'enroulement de l'embryon,
puis s'infléchit obliquement dans une direction opposée à la direction initiale, et se raccorde enfin au commencement de la spire
normale, sans que le passage d'une surface héliçoïdale à l'autre
soit indiqué par aucun pli : il y a une continuité parfaite, aucun
arrêt subit de la croissance, et même, quand la spire est ornée,
les ornements ne commencent guère avant qu'il y ait au moins un
quart ou une moitié de tour enroulé dans le sens normal.

L'embryon ci-dessus décrit est dit loxogyre; mais il est rare
que sa spire soit aussi développée : elle est déjà moins allongée
dans les *Turbonilla* (fig. 22) que dans les *Anisocyla* (fig. 21), et
elle est à peine saillante dans les *Odontostomia*, dont le nucléus
forme une sorte d'oreiller reposant sur la spire, de sorte que
l'embryon peut être dit pulviné (Ex. *O. hordeola*, Lamk de
l'Eocène, fig. 24).

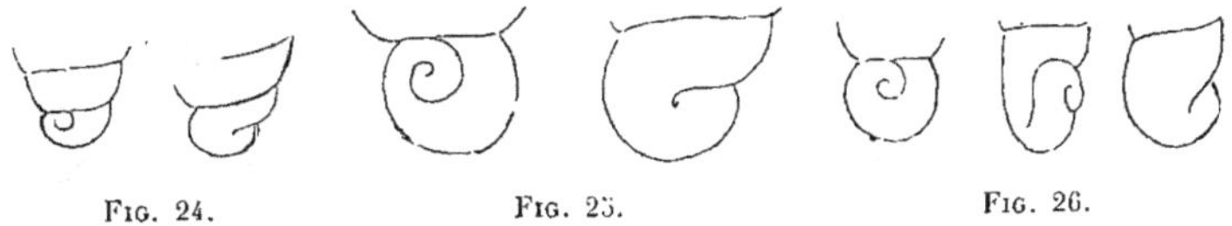

FIG. 24.   FIG. 25.   FIG. 26.

Quand il est paucispiré, l'embryon hétérostrophe n'est pas toujours adhérent à la spire : il se détache souvent en forme de
crosse, dans un plan passant par l'axe vertical de la coquille
(Ex. *Mathildia Baylei*, de Boury, de l'Eocène inférieur, fig. 25,
ou *Actæon Gmelini*, Bayan, de l'Eocène moyen, fig. 26, ou encore

Tuba striata, Lea, de Claiborne, fig. 27). Mais, à mesure qu'il devient papilleux, le nucléus tend à se renverser complètement (Ex. *Actæon subinflatus*, d'Orb. de l'Eocène moyen, fig. 28, et *Nucleopsis subvaricatus*, Conrad, de Claiborne, fig. 29) ; il y a des

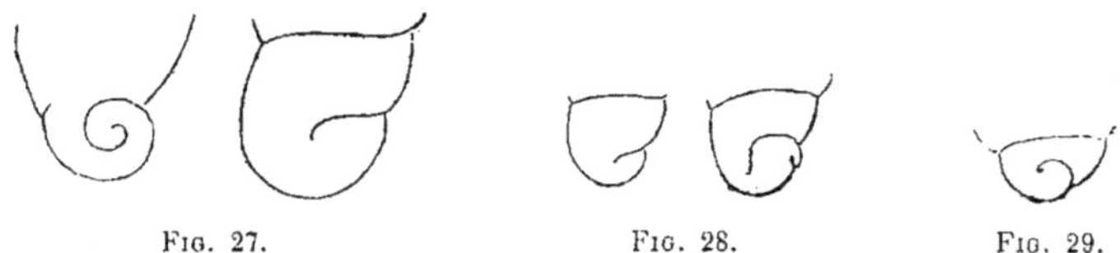

FIG. 27.   FIG. 28.   FIG. 29.

coquilles où il est complètement empâté dans la spire (Ex. *Acrocœlum Bouryi*, Cossm. de Cuise, fig. 30, ou *Solarium canaliculatum*, Lamk. Parnes, fig. 31, ou encore, du côté de l'ombilic. *Discohelix Dixoni*, Vasseur, de l'Eocène de Bretagne, fig. 32) ; dans ces conditions, l'embryon involvé ne montre pas le nucléus, qui est complètement caché du côté opposé, et l'on pourrait croire,

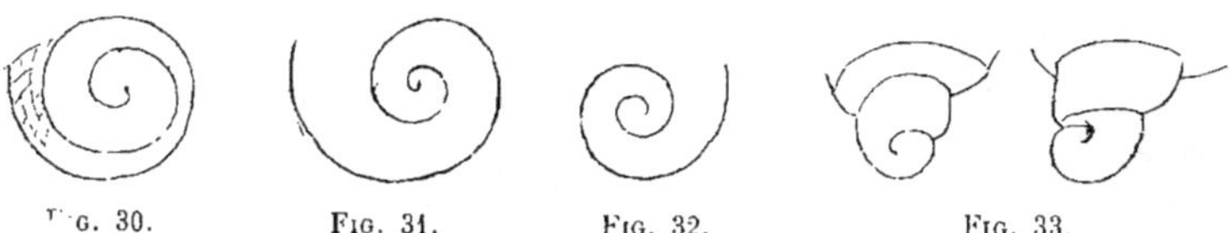

FIG. 30.   FIG. 31.   FIG. 32.   FIG. 33.

au premier abord, que cet embryon n'est pas sénestre ; ce'st seulement en vérifiant si le côté qu'on aperçoit comporte un nucléus, ou s'il est ombiliqué, qu'on peut se former une opinion sur le sens réel de la gyration, et, comme il s'agit d'un corpuscule microscopique, cette vérification rencontre parfois de telles difficultés, qu'on s'explique l'incertitude qui règne encore sur la véritable disposition de l'embryon de certaines coquilles, c'est-à-dire sur leur classement définitif dans telle ou telle famille.

Pour terminer, on peut encore citer, comme exemple d'une forme tout à fait anormale d'embryon sénestre, dit tordu, *Douvilleia arenaria*, Mell. du gisement de Jonchery (fig. 33), dont

2

le nucléus subit deux torsions successives avant de s'emboîter sur le premier tour caréné de la spire.

D'après ce qui précède, on voit qu'il n'est pas aisé de décomposer géométriquement le phénomène en vertu duquel l'animal embryonnaire rejette ses viscères d'un côté à l'autre, en changeant le sens d'enroulement de sa coquille ; aucun des malacologistes qui ont étudié la question ne paraît avoir cherché à fournir même une hypothèse expliquant les motifs de ce changement d'allure dans la croissance du mollusque. Je ne puis davantage donner d'explication plausible à ce phénomène, mais l'étude de la coquille me permet, du moins, d'affirmer que la transition ne se fait que graduellement et qu'il n'y a pas, dans ce fait, de mouvement brusque, comparable à celui d'un portefaix qui rejetterait son fardeau d'une épaule sur l'autre ; d'ailleurs, on ne concevrait pas qu'il se produisît un virement subit sans un point d'appui qui ferait précisément défaut au mollusque, s'il n'est pas, à ce moment, fixé contre un corps immobile, d'une masse supérieure à la sienne, et plus résistant que le fluide dans lequel il nage comme le font la plupart des mollusques de haute mer qui ont l'embryon sénestre.

COLUMELLE

Ainsi que je l'ai indiqué en examinant le mode d'enroulement de la coquille, l'axe autour duquel se fait cet enroulement est tantôt idéal, au milieu d'une cavité en entonnoir, tantôt entouré de la matière dont se composent les parois des tours resserrés en contact ; dans le premier cas, il n'y a pas, à proprement parler, de columelle, mais une série de parois columellaires superposées, dont la coupe transversale ferme une calotte en forme de cône plus ou moins évasé ; dans le second cas, la section transversale montre un véritable pilier axial, contre lequel viennent se souder les parois columellaires des tours de spire.

En général, la section transversale de chaque tour reproduit

assez exactement l'ouverture de la coquille, au moins dans sa
forme générale, abstraction faite des caractères accessoires que
peuvent présenter les bords ou l'extrémité antérieure de cette ouverture. Par conséquent, eu égard à la difficulté qu'on éprouve
à se procurer de bonnes sections transversales des coquilles, c'est
sur la partie visible de l'intérieur de l'ouverture qu'on étudie les
caractères de la paroi columellaire ou de la columelle, tout en
tenant compte des modifications que peut subir cette columelle,
à mesure que la coquille grandit.

En principe, la paroi columellaire se compose d'une surface
héliçoïdale plus ou moins excavée qui se raccorde, par une
courbe ou par un angle arrondi avec le plancher et avec le
plafond du tour de spire. Très creuse quand l'enroulement des
tours est lent, la paroi columellaire est presque droite quand
l'accroissement est rapide, et alors elle représente bien réellement
l'axe de la coquille. Sa surface, dite simple quand elle est unie,
porte souvent des plis spiraux dont le nombre, la nature, la saillie
et la persistance sont très variables.

Le but de l'existence de ces plis est, je le crois, absolument
inconnu, et cependant on doit *a priori* supposer qu'ils jouent un
rôle essentiel dans les mouvements que l'animal doit faire pour
sortir de sa coquille ou pour y rentrer, ou plutôt pour porter sa
coquille dans un sens ou dans l'autre, quand il nage ou lorsqu'il
rampe, attendu que c'est à la paroi columellaire que s'attachent les
muscles adducteurs des Gastropodes [1].

Les plis columellaires s'enroulent en spirale contre la paroi
sur laquelle ils font saillie, soit comme un simple renflement
arrondi, soit comme un gradin taillé carrément, soit comme une
lamelle tranchante qui encombre parfois la section libre du tour
de spire; il en est qui sont divisés en deux ou bifides, ce sont
alors des rainures spirales qui entaillent la paroi et séparent de
larges rubans plus ou moins aplatis. Ils ne sont pas toujours

[1] Voir, à ce sujet, dans la note insérée à la fin de l'annexe de cette livraison, l'explication proposée par M. Dall.

persistants, certaines coquilles à columelle plissée quand les individus sont encore jeunes, ont la columelle à peine renflée ou même tout à fait simple à l'ouverture, quand l'animal a atteint sa taille adulte; l'inverse se produit également.

L'obliquité souvent très grande de ces plis donne à la columelle la même apparence que si elle était tordue une ou plusieurs fois sur elle-même; je conserverai cette expression, qui est souvent utilisée dans les diagnoses, quoiqu'elle soit impropre, attendu que, si l'on conçoit qu'une barre malléable (en verre ou en fer fondu) puisse subir dans toute sa longueur un effet de torsion qui la plisse en spirale, on ne se rend pas bien compte de l'effort qu'il faudrait exercer sur une série de parois columellaires super-posées pour y produire simultanément des rides qui se correspon-draient d'un tour à l'autre; la vérité, c'est qu'il n'y a pas de tor-sion et que le renflement dont se compose chaque pli est produit, au fur et à mesure de l'accroissement, par la sécrétion du manteau.

La disposition des plis, leur importance relative quand il y en a plusieurs superposés, varient peu; il est rare qu'ils soient égaux entre eux, mais, quand ils sont inégaux, c'est avec régularité, c'est-à-dire qu'ils sont croissants ou décroissants, en comp-tant d'avant en arrière, l'ouverture étant orientée en haut, le sommet en bas.

La terminaison de la columelle, à la base de la coquille, est un caractère essentiel au point de vue de la distinction des genres, et intimement lié d'ailleurs à l'existence ou à l'absence d'un canal pour le passage du siphon : c'est donc en même temps que la disposition de l'ouverture que doit être étudié le mode de rac-cordement de l'extrémité de la columelle, de sorte que j'y revien-drai plus loin, en traitant de l'ouverture.

Le bord columellaire se compose d'une couche, souvent très calleuse, de matière vernissée qui recouvre la paroi de la columelle, et dont la présence ne peut se constater qu'à l'ouver-ture, sur la base de la coquille où il prend quelquefois un grand développement.

Ce qui précède s'applique aux coquilles munies d'une columelle pleine, ou même perforée par un ombilic, qui est le résultat du défaut d'adhérence des parois columellaires entre elles ; mais il y a plusieurs familles (*Haliotidæ*, *Calyptræidæ*, *Scaphandridæ*, etc...) dans lesquelles non seulement il n'y a pas de columelle, ainsi que je l'indiquais au début, l'axe d'enroulement étant idéal, mais encore dont la paroi columellaire est supprimée, ou plutôt n'est visible que sur sa face opposée, l'enroulement se faisant absolument comme pour la confection d'un cornet en papier ; la coquille se réduit à un tube creux ou à un cône vide. Dans ce cas, comme l'a très heureusement exprimé Fischer, en donnant, dans son Manuel, la coupe de *Velainella columnaris*, Vasseur, la paroi columellaire se confond avec le test externe auquel elle adhère, suture contre suture, de sorte que l'animal habitait, en réalité, ce qui serait l'ombilic dans une coquille d'une autre famille.

OUVERTURE

L'ouverture d'un Gastropode, improprement appelée bouche par quelques auteurs, est l'orifice par lequel sortent de la coquille ou y rentrent, tous les organes nécessaires au mouvement, à la nutrition et à la respiration de l'animal ; c'est également par cet orifice que ses sens peuvent s'exercer, ainsi que ses moyens de défense, quand il en possède : il en résulte que la forme de l'ouverture doit probablement être en rapport avec la biologie du mollusque.

Les coquilles patelliformes ou capuliformes sont presque entièrement en ouverture, dont le contour, ou péritrême, forme généralement la base sur laquelle on les pose pour les examiner. Celles de la famille des *Fissurellidæ* ont une autre ouverture ou plutôt une perforation opposée, correspondant à l'anus. Mais le cas le plus général est celui d'une ouverture située à la base des circonvolutions de la spire et présentant, lorsque l'animal est adulte, des caractères distinctifs à défaut desquels tout classement est à peu près impossible.

Les Gastropodes ont été longtemps subdivisés en deux groupes, selon que l'ouverture est ou n'est pas entière, c'est-à-dire que le contour antérieur ne comporte pas, ou comporte, au contraire, un sinus, une échancrure, ou même un canal plus ou moins prolongé : on dénommait holostomes les coquilles à ouverture entière, et siphonostomes celles dont l'ouverture est interrompue au point de jonction du contour supérieur avec l'extrémité de la columelle, pour le passage d'un siphon.

On a renoncé à cette classification, d'abord parce qu'elle avait l'inconvénient d'écarter les unes des autres des familles dont l'animal a une organisation identique, et en outre parce qu'il y a des genres pour lesquels il est à peu près impossible d'affirmer que l'ouverture est réellement échancrée, tant est faible la sinuosité de leur contour, de sorte que les uns les considèrent comme holostomes, les autres comme siphonostomes. Cependant, à ne considérer que les *Pectinibranchiata*, — qui forment le groupe de beaucoup le plus important des Gastropodes à coquille, — la subdivision en question se fait, à peu d'exceptions près, vers le milieu de la série rangée d'après la formule de la radule (c'est-à-dire d'après les plaques linguales étudiées au microscope sur le mollusque vivant), de sorte que, tout en adoptant cette dernière classification, on peut encore conserver une certaine homogénéité dans l'arrangement des groupes, d'après la forme de l'ouverture, et employer utilement les mots Siphonostomes et Holostomes.

Lorsqu'on examine de face l'ouverture d'un Gastropode enroulé, le sommet de la coquille dirigé vers le bas[1], la partie du con-

---

[1] La position qu'on doit donner à la coquille, quand on veut la figurer et la décrire, a été l'objet de controverses ; c,est un tort, à mon avis, que de chercher à la rendre conforme à celle qu'occupe l'animal, quand il rampe ou qu'il nage, car, lorsqu'on veut étudier les détails d'horlogerie d'une montre, on ne la regarde pas du côté du cadran. En définitive, la partie la plus importante de la coquille étant l'ouverture, il faut l'examiner de face ou de profil, et comme les dessinateurs ont l'habitude d'admettre que le rayon lumineux tombe à 45 degrés, venant de l'angle supérieur de gauche de la feuille de papier, il faut placer la coquille de manière que l'ouverture et la base soient le mieux éclairées possible, c'est-à-dire orienter l'ouverture vers le haut.

tour de l'ouverture qu'on voit à gauche s'appelle labre, ou bord externe, celle qui est à droite est le bord interne, ou bord columellaire. Quand la coquille est holostome, le labre se raccorde, en haut ou en avant, au bord interne par un contour ininterrompu qui forme le bord supérieur ou antérieur de l'ouverture ; enfin, lorsque le labre, au lieu d'aboutir simplement à l'avant-dernier tour, soit sous un certain angle, soit tangentiellement, se relie en arrière, c'est-à-dire à la partie inférieure ou du côté postérieur de l'ouverture, à un prolongement de la callosité du bord columellaire, reposant en contact plus ou moins parfait sur la base du dernier tour, le péristome est dit continu. Dans ce cas, il arrive généralement que la jonction se fait sous un angle aigu, de sorte qu'il existe, en ce point, une sorte de gouttière, souvent prolongée par une callosité qui descend sur la spire, soit jusqu'à la suture de l'avant-dernier tour, soit même jusqu'au sommet de la coquille (*Rimella*).

Que le péristome soit continu ou discontinu, l'ensemble du contour circonscrit soit par les bords libres de l'ouverture, soit par la base du dernier tour, a une forme rarement circulaire ou ovale, plus généralement piriforme ou palmée (la pointe orientée vers le bas), ou fusoïde, surtout quand il existe un canal antérieur, ou rhomboïdale quand la partie supérieure du labre prend une direction oblique, à peu près parallèle au contour de la partie du bord columellaire reposant sur la base du dernier tour ; l'ouverture a encore quelquefois la forme d'un secteur, quand la columelle fait un angle plus ou moins ouvert au point où elle s'implante sur cette base, et lorsqu'en même temps le bord externe est développé en quart de cercle à peu près régulier.

Il faut aussi examiner l'ouverture de profil, vue du côté du labre : il est rare que l'ensemble du contour soit contenu dans un même plan passant par l'axe vertical de la coquille, ou obliquement incliné par rapport à cet axe, l'inclinaison étant mesurée à gauche ou à droite de l'axe, du côté antérieur. Le cas le plus général est celui où les bords ne sont pas dans un même plan, de sorte que le labre ne masque pas, dans la vue de profil, toutes les autres parties du contour qui se raccordent entre elles par des courbes d'une rare élégance, servant de limite à une surface gauche (pour employer le terme géométrique). Il y a aussi des exemples d'ouvertures complètement déviées (*Dicretostoma*, *Strophostoma*), c'est-à-dire qu'au lieu de continuer son accroissement normal, le dernier tour se rejette latéralement, ou se projette en avant, de sorte que l'ouverture se détache dans une direction divergente.

Outre l'obliquité qu'il peut prendre par rapport à l'axe, ainsi que je viens de l'indiquer pour le plan de l'ouverture, le labre vu de profil est droit ou curviligne, mais le plus souvent sinueux. La direction que prend son contour, aux abords du point où il rejoint la suture du dernier tour, a une très grande importance au point de vue du classement générique des coquilles : à peu d'exceptions près, dans toutes les coquilles d'un même genre, — je dirai presque d'une même famille, — le labre présente la même disposition ; la jonction est normale, quand son contour tombe perpendiculairement à la suture ; si elle se fait obliquement elle est antécurrente, lorsque le contour s'incline davantage avant de se raccorder, en s'éloignant de plus en plus de l'axe vers l'ouverture, rétrocurrente, au contraire (et c'est le cas le plus fréquent), si le contour rebrousse vers l'axe en s'écartant de l'ouverture, et en faisant un crochet qui se termine brusquement contre la suture (*Nerinæidæ*, *Ceritella*), ou qui revient ensuite en sens inverse, après avoir formé un sinus plus ou moins profond (*Surcula*, *Conus*). Dans quelques genres, cette échancrure n'est pas immédiatement voisine de la suture (*Pleurotoma*, *Murchisonia*), et, dans les *Pleurotomariidæ*, elle se transforme même en une fissure, souvent aussi profonde que la moitié du dernier tour et correspondant à une organisation toute particulière du manteau de l'animal ; quand la fissure se ferme, et qu'il ne reste plus que des perforations isolées du test (*Ditremaria*, *Schismope*, *Haliotis*), le labre en conserve encore la trace par l'existence d'un faible sinus.

Le raccordement du labre avec le bord supérieur se fait par une courbe orientée à droite de l'axe vertical, quand le bord supérieur est proéminent, à gauche de cet axe quand le bord est échancré; pour observer cette saillie ou cette échancrure du contour antérieur de l'ouverture, fort importante au point de vue générique, on doit regarder la coquille en plan, la pointe enfoncée dans un bain de sable. Quant au raccordement du bord supérieur avec l'extrémité de la columelle ou avec le bord columellaire, il est extrêmement variable, selon que la coquille est holostome ou siphonostome.

Dans les ouvertures entières, dénuées d'échancrure, le contour antérieur n'est pas toujours arrondi et la jonction ne se fait pas toujours, comme dans les *Delphinula* et les *Ampullina,* par un prolongement curviligne du bord columellaire : tantôt il y a un angle net, la columelle se terminant en pointe dans cet angle et le bord columellaire s'infléchissant à peine pour adoucir la brisure de la jonction; tantôt il y a un évasement du bord columellaire, et l'ouverture est alors dite versante en avant (*Diastoma, Sandbergeria, Actæonella*); si cet évasement se rétrécit, la sinuosité du contour se transforme en une sorte de bec (*Pseudotaphrus, Ceritella*), ou en une échancrure subcanaliculée (*Stoszichia*), qu'on distingue encore plus nettement quand on regarde la coquille en plan. A ce bec ou à cette échancrure correspond assez souvent un bourrelet (*Lacuna, Aplustridæ*) qui s'enroule sur la base de la coquille, et dont la convexité a exactement la même amplitude que le sinus formé par ce bec, de sorte que l'on peut en conclure que le rôle de ce bec ne doit pas être le même que celui du canal siphonal, et que, par conséquent, la coquille est encore holostome, malgré son apparence siphonostome.

L'ouverture des coquilles siphonostomes se termine en avant par un canal plus ou moins développé, quelquefois droit dans le prolongement de l'axe (*Fusus*), ou bien tordu et infléchi dans sa longueur (*Streptochetus, Triton*), rarement fermé par une soudure de ses bords opposés (*Murex, Triforis*), parfois renversé en arrière (*Cerithium, Vertagus, Morio*), dans d'autres cas tronqué presque à sa naissance (*Tritonidea, Potamides*), ou même réduit à une échancrure très profonde (*Cassis, Cypræa*) entaillée sur la base et bordée, de sorte qu'elle n'a rien de commun avec la forme du bec dont il a été question ci-dessus.

Lorsque le canal est droit, ou simplement tordu, mais allongé (*Rostellaria, Terebellum*), la columelle finit généralement en pointe sur le bord de ce canal dont elle suit les inflexions (*Latirus*) ; mais, quand le canal est court, quand il est tordu, et surtout quand il est profondément échancré, ou bien la columelle est subitement tronquée (*Truncaria*) un peu plus bas que le contour supérieur, ou elle est repliée et rejetée vers la droite, en formant une carène (*Nassa*) qui limite le canal, mais qu'il ne faut pas confondre avec un véritable pli columellaire.

Quant au bord columellaire, il forme généralement un bourrelet qui contourne la sinuosité basale ou l'échancrure et se raccorde ensuite avec le bord supérieur.

Après avoir étudié la forme générale du péristome, il est utile de dire quelques mots de son épaisseur : il est rare qu'il soit mince dans les coquilles arrivées à l'âge adulte. Cependant le labre, qui en forme la partie principale, est quelquefois très mince, même dans les individus qui ont atteint leur taille définitive ; on s'en aperçoit à l'état de conservation de certains fossiles dont on ne trouve presque jamais le bord intact (*Turitella, Mesalia, Melanopsis*) ; mais généralement le labre est taillé en biseau à l'intérieur, quand il n'est pas, en outre, réfléchi à l'extérieur, comme l'embouchure d'une trompette (*Teliostoma*), ou bien bordé par un bourrelet quelquefois très large et très épais (*Ringicula, Marginella*), qui peut aussi être dédoublé (*Dissostoma*), digité par des ramifications divergentes (*Alaria, Pterocera*), ou échancré par un sinus antérieur (*Strombus*), ou encore développé en une aile tout à fait détachée (*Gladius*), de sorte que l'ouverture, dont l'espace libre a simplement une forme ovale dans le fond, prend, au péristome, un développement qui échappe à toute définition. Dans certains cas, le labre est festonné ou lacinié par de petites découpures qui correspondent aux ornements de la surface.

En ce qui concerne le fond de l'ouverture, indépendamment de sa forme générale, il comporte souvent des modifications accessoires, dues à l'existence de plis ou de dents, de rides ou de tubercules, soit sur la columelle, soit à l'intérieur du labre, soit encore sur la partie du bord columellaire reposant sur la base de l'avant-dernier tour ; lorsque l'ouverture est ainsi encombrée par des saillies internes qui en changent totalement la forme, elle est dite grimaçante (*Ringiculidæ, Persona*).

A l'intérieur du labre, ce sont généralement des crénelures ou des dents isolées, dites palatàles, qui ne se prolongent presque jamais dans la cavité de l'ouverture, et qui sont situées sur une côte ou un renflement interne, un peu au delà du biseau formant le bord externe, parallèlement à ce bord (*Ranella, Siphonalia*). Souvent ces tubercules correspondent à un bourrelet de la surface extérieure, c'est-à-dire à une varice qui ne coïncide pas avec le péristome, de sorte qu'on les aperçoit seulement au fond de l'ouverture, tandis que le bord en est dénué (*Terebralia*). Dans quelques cas, il n'existe qu'une seule dent postérieure (*Marginella*), et c'est plutôt la cessation subite du renflement interne du labre, servant de limite à une entaille juxtaposée à la suture ; ailleurs, cette dent est simplement implantée au milieu du labre (*Mitreola*).

Quant aux plis columellaires, j'ajouterai seulement quelques mots à ce qui en a été dit à propos de la columelle : ils se terminent généralement sans atteindre le contour extérieur du bord columellaire (*Voluta*), il y en a même qui atteignent à peine la partie visible de la columelle, et qu'on ne distingue que quand l'ouverture est incomplète (*Borsonia*). Dans d'autres genres, au contraire, quelques-uns de ces plis s'enroulent sur le dos du canal et rejoignent même le contour supérieur (*Fusimitra, Actæon*).

Il ne faut pas confondre avec de véritables plis les rides que porte quelquefois le bord columellaire (*Tritonidea*) et qui ne se prolongent pas sur la columelle, à l'intérieur de l'ouverture. Je mentionnerai aussi, pour mémoire, les côtes accessoires ou les dents qui s'intercalent entre les plis, à l'entrée de l'ouverture (*Traliopsis, Clausilia*) ; ce sont là des exceptions dont la description trouvera sa place, çà et là, dans quelques diagnoses isolées.

Dans le but de faciliter les diagnoses et de leur donner plus de clarté, on établit souvent une distinction entre les plis enroulés sur la columelle proprement dite, dans la partie comprise entre le point où elle s'implante sur la base et son extrémité antérieure, et les plis situés sur la partie du bord columellaire appliquée sur cette base, c'est-à-dire sur le plancher de l'ouverture ; ces derniers se nomment plis pariétaux (*Strophia*). De même que sur la columelle, ce sont parfois des dents ou des tubercules qui n'existent qu'à l'entrée de l'ouverture (*Pisania, Ringicula*) quand la coquille est adulte. L'exemple le plus frappant qu'on puisse citer de cette disposition est le genre *Cassis*, dont le bord columellaire, largement étalé, se couvre d'une multitude de rides irrégulières qui le rendent complètement rugueux.

ORNEMENTATION

La surface extérieure d'un Gastropode est tantôt lisse, tantôt chargée de saillies ou d'entailles régulières auxquelles on donne le nom d'ornements, parce qu'elles contribuent, en effet, à lui donner un aspect agréablement varié, très utile, en tous cas, pour la distinction des espèces entre elles, et même des genres entre eux.

Même quand la surface est lisse, on y remarque généralement des lignes ou stries d'accroissement, dirigées dans le sens axial, s'il s'agit d'un Gastropode enroulé, concentrique sur les coquilles patelliformes ; elles représentent les stades successifs du développement des tours de spire ; pour qu'elles soient invisibles, il faut que la surface soit recouverte d'un vernis émaillé absolument brillant (*Eulima, Marginella*). Lorsque ce développement subit un arrêt, principalement dans les genres dont l'ouverture est bordée, la trace en est indiquée par un renflement plus ou moins saillant, par des côtes nommées varices, quelquefois régulièrement disséminées sur la surface, ou se succédant d'un tour à l'autre (*Pteronotus*) ; souvent la dernière varice correspond au côté opposé à l'ouverture (*Triton, Ranella*) ; parfois le galbe général de la coquille est rendu gibbeux par suite de la présence de ces renflements (*Persona, Cerithium*).

L'orientation des accroissements reproduit presque exactement l'obliquité ou la sinuosité du labre : à ce point de vue, pour la détermination des genres, surtout dans les fossiles secondaires dont l'ouverture est rarement entière, l'étude des accroissements sur le test est d'un secours précieux et permet quelquefois de classer dans des familles tout à fait différentes, des formes dont l'aspect extérieur paraît être le même au premier abord.

Les ornements sont en relief ou en creux : les premiers sont de simples filets étroits et peu saillants, ou des rubans aplatis, plus larges que les intervalles qui les séparent, ou des côtes (costules et cordons) généralement arrondies, ou des carènes tranchantes, ou même des lamelles saillantes, quelquefois voûtées à l'intérieur; les seconds sont des stries, souvent d'une finesse telle qu'on ne les voit qu'à la loupe, tantôt parallèles, tantôt réunies deux à deux, c'est-à-dire anastomosées, des ponctuations régulièrement alignées, ou des sillons un peu plus larges et plus creux que de simples stries, ou de véritables rainures canaliculées, dont la largeur est telle qu'il vaut mieux pour la clarté de la définition, mentionner comme ornements les rubans saillants qui les séparent.

L'ornementation d'un Gastropode enroulé peut être, soit axiale, c'est-à-dire dans le sens des accroissements, soit spirale, c'est-à-dire parallèle aux sutures ; pour les coquilles déroulées (*Verme-

tus, Tenagodes, Dentalium), on peut à la rigueur conserver les anciennes dénominations, transverse et longitudinal, qui n'exigent aucun effort d'esprit pour reconstituer l'enroulement; de même pour les coquilles patelliformes (*Patella, Emarginula, Capulus, Hipponyx, Siphonaria*), il est plus naturel d'adopter les mots concentrique et radial ou rayonnant qui se comprennent sans définition.

Il y a une extrême variété dans les combinaisons de ces deux séries d'ornements : des pages entières ne suffiraient pas pour définir péniblement tous les cas qui peuvent se présenter, aussi j'indiquerai seulement un nombre limité de termes usuels qui expriment à peu près l'importance relative d'une des séries par rapport à l'autre.

Quand l'une de ces séries est prédominante et qu'il s'agit d'ornements en relief, on dit que la coquille est costulée dans le sens axial, cerclée dans le sens spiral, et, s'il s'agit d'ornements en creux, elle est striée ou sillonnée, quel que soit le sens : elle est réticulée, lorsque les ornements en relief ou en creux ont à peu près la même importance dans le sens axial que dans le sens spiral, cancellée quand les costules l'emportent, sur les sillons ou filets spiraux, décussée si ce sont, au contraire, des cordons spiraux traversés par de fines stries ou des lamelles d'accroissement plus serrées.

L'ornementation en creux n'engendre pas une grande variété dans l'aspect de la surface : les accroissements produisent généralement des ponctuations sur les sillons spiraux (*Actæon*), ou bien des traits dans les interstices des rubans (*Actæonidea*); quelquefois ces rubans sont séparés par des stries dont la disposition est telle que les rubans semblent se recouvrir partiellement et sortir les uns de dessous les autres, la surface est alors imbriquée (*Paryphostoma*); lorsque les stries forment entre elles un treillis oblique, elle est dite guillochée.

Les ornements en relief sont en majorité dans la série des Gastropodes siphonostomes : outre les combinaisons déjà très variées dont il vient d'être question, ils présentent les différences les plus nombreuses qu'on puisse imaginer, à cause des saillies accessoires dont ils sont chargés et qui s'alignent soit dans le sens axial, soit dans le sens spiral.

Tantôt ce sont des granulations ou des perles, isolées ou reliées par des cordonnets, tantôt de véritables tubercules ou des nodosités produites au point d'entrecroisement des deux systèmes de côtes, comme dans les mailles d'un filet, tantôt des pointes quelquefois épineuses (*Trigonostoma*), ou même des tubulures quand ces épines sont creuses (*Typhis, Pereiræa*); si les lamelles d'accroissements sont finement ondulées et relevées par des filets spiraux on dit que l'ornementation est crépue (*Murex, Trichotropis*); si de petites granulations rugueuses et très serrées sont répandues sur toute la surface, indépendamment des côtes principales, on dit qu'elle est chagrinée (*Auricula*), etc... Je n'insiste pas davantage : un coup d'œil jeté sur la figure qui doit accompagner toute diagnose, suppléera aux lacunes de cette énumération.

On se rend compte de la raison d'être des ornements axiaux, qui représentent la succession des accroissements de la coquille et qui participent, par conséquent, à la biographie de l'animal qu'abritait cette coquille; et encore il est permis de se demander pourquoi le manteau secrète plus abondamment dans certains cas que dans d'autres, la matière dont est formé le test. Mais il n'existe, à ma connaissance, aucune explication sur le but des ornements spiraux, et d'une manière plus général, sur les motifs pour lesquels une coquille est lisse ou ornée; cependant il paraît évident que cette ornementation n'est pas seulement faite pour permettre aux conchyliologues de distinguer les genres ou les espèces les uns des autres; la meilleure preuve c'est la constance de ces ornements dans une même espèce, ce qui nous autorise à conclure qu'ils jouent un rôle dans les mœurs particulières à cette espèce; même les changements qui se produisent dans le ornements du test, qui s'effacent parfois dans les coquilles tout à fait adultes (*Campanile*), prouveraient que ces ornements étaient plus ou moins utiles à chaque étape du développement de l'animal. Il est vrai, d'autre part, qu'il existe des groupes où la variation de l'ornementation, dans une seule espèce, est telle qu'elle déconcerte les tentatives de détermination ; mais, comme ce fait se produit pour quelques formes limitées, on serait autorisé à penser que c'est précisément parce qu'elles ont un genre de vie approprié, c'est-à-dire un *habitat* pour lequel l'ornementation est jusqu'à un certain point indifférente. (Voir A. Locard, *Études sur les Variations malacologiques*, 1881.)

Avant de terminer ce qui est relatif à l'aspect extérieur de la coquille des Gastropodes, il me reste à dire quelques mots de la base du dernier tour, dont l'ornementation présente rarement la même disposition que sur le reste des tours, ainsi que les modifications qui peuvent résulter de l'existence d'un ombilic sur cette base.

Dans un grand nombre de cas, la base est séparée du dernier tour par un angle plus ou moins émoussé constituant la périphérie de la base ; quelquefois c'est une carène saillante (*Adeorbis, Solarium*), ou un cordon isolant un disque basal (*Scalaria*), ou bien encore une strie, la dernière de celle qui ornent concentriquement la base (*Dialopsis*), le dernier tour étant, au contraire, lisse. Quant aux ornements produits par les accroissements, on les désigne habituellement sous le nom de rayons, quoiqu'à la vérité ces rayons ne partent réellement d'un centre que si la base est largement ombiliquée (*Solarium*); dans les siphonostomes imperforés, ces rayons se ramifient sur la partie dorsale du canal opposée à l'ouverture, sur le cou, pour employer l'expression proposée par M. de Gregorio, et ils y produisent souvent des lamelles emboîtées (*Muricidæ, Cassididæ*).

L'ombilic qu'on observe sur la base d'un grand nombre de Gastropodes, est un caractère précieux au point de vue de la distinction des genres entre eux, car il est rare qu'il y ait, dans un même genre, des coquilles ombiliquées et d'autres absolument imperforées ; dans ces dernières, le bord columellaire recouvre plus ou moins hermétiquement la fente ombilicale ; quelquefois il s'y dépose une énorme callosité qui envahit une partie de la base (*Neverita*, *Cepatia*, *Rotella*, *Tinostoma*, *Rotellorbis*). Même lorsqu'il est réduit à une simple fente, l'ombilic peut être bordé par un bourrelet lisse (*Lacuna*) ou sillonné (*Sulcoactæonina*) ; ce bourrelet, dont l'enroulement spiral se perd sous le bord columellaire, aboutit en avant au contour supérieur de l'ouverture et y produit ce bec dont j'ai déjà signalé l'existence, en étudiant la forme de l'ouverture. Au lieu d'un bourrelet circa-ombilical, on observe, dans quelques genres (*Ampullina*), un limbe, c'est-à-dire une carène qui s'enfonce en spirale dans l'ombilic, qui se raccorde en avant presque tangentiellement avec le contour supérieur et qui limite une couche vernissée tapissant la paroi interne de l'ombilic : ce limbe se distingue même dans certaines coquilles à base imperforée (*Diastoma*, *Sandbergeria*), il double en quelque sorte le bord columellaire et y produit un renflement pariétal, en s'enfonçant sous ce bord dans l'intérieur de l'ouverture. Enfin, lorsque le bourrelet, souvent crénelé ou perlé par les accroissements, sort de l'ombilic, soit en faisant un large circuit (*Liotia*, *Collonia*), soit en adhérant à la paroi interne de l'ombilic (*Natica*), il prend le nom de funicule : dans ce cas, il se produit généralement, au point où il aboutit, une petite expansion du bord columellaire, qui représente à peu près la section transversale du funicule, et que certains auteurs désignent par le terme glosse, ou lèvre.

Quand le bord columellaire dégage complètement l'ombilic, et que ce dernier, quoique étroit, forme un entonnoir qui laisserait apercevoir l'intérieur de la spire jusqu'au sommet, s'il était éclairé, la coquille est dite perforée (*Niso*, *Trypanaxis*, *Cryptoplocus*, *Itieria*). Enfin, dans les formes discoïdales à ombilic largement ouvert, la base se réduit à une bande circulaire plus ou moins étroite (*Planorbis*, *Straparollus*, *Homalaxis*), séparée par un angle quelquefois caréné de l'entonnoir en gradins formé par la cavité ombilicale.

STRUCTURE DU TEST

Fischer, dans son *Manuel de Conchyliologie*, le professeur Zittel, dans son *Manuel de Paléontologie*, ont consacré d'excellentes pages à la structure et au mode de formation du test des coquilles : il me suffira de rappeler brièvement les principales définitions adoptées par ces auteurs, et de tirer de leurs considérations quelques conclusions sommaires relatives à l'usage qu'on peut faire de ces éléments pour la détermination des genres fossiles.

La plupart des Gastropodes ont une structure porcellanée, la partie calcaire de leur test est formée de trois couches superposées, qui peuvent se dédoubler et se détacher successivement, quand leur ciment organique disparaît par la fossilisation ; la couche externe et la couche interne se composent de plaques empilées de la même manière, longitudinalement ou transversalement, tandis que dans la couche médiane, qui est généralement la plus épaisse, les plaques prismatiques s'agglomèrent dans une direction perpendiculaire ou oblique à celle des deux autres couches.

Ce n'est guère que dans les sables tertiaires que les Gastropodes se présentent avec la fraîcheur intacte de leur test : dans les terrains secondaires et, à plus forte raison, dans les terrains paléozoïques, la couche externe a généralement disparu ; toutefois l'ornementation reste encore imprimée sur la couche médiane, ou elle n'y subit que des modifications qui n'en altèrent pas toujours les caractères distinctifs. Cependant Koken cite des *Porcellia* qui, lorsqu'elles ont la couche externe de leur test, présentent sur la quille dorsale une série de perforations tubulées, tandis que, quand il ne reste que la couche médiane, l'observateur ne distingue, à la place de cette ligne de perforations, qu'une double rainure pui pourrait qui faire confondre la coquille avec un *Bel-*

lerophon ; si, enfin, la couche médiane disparaît à son tour, il n'y a plus, à la place de la rainure, qu'un bombement plus ou moins saillant, ne portant aucune trace des tubulures caractéristiques du genre *Porcellia.*

Ainsi la fossilisation, et surtout l'influence de l'ancienneté des sédiments, agissent dans le sens d'une atténuation ou d'une oblitération complète des caractères extérieurs du test, même pour les fossiles qui ne sont pas à l'état de moules indéterminables : c'est une difficulté de plus à ajouter à la liste de celles que rencontre déjà le Paléontologiste, dans ses essais de classification.

Dans certains genres (*Conus, Terebellum*), le test se résorbe sur les premiers tours, c'est-à-dire que la couche médiane commence par disparaître, ainsi qu'il résulte des coupes en travers reproduites par les auteurs (Fischer, Zittel), et que même la couche externe et la couche interne s'amincissent tellement que, si la coquille est libre dans le sable, lorsqu'on la vide, les fragments des premiers tours tombent avec le sable. Ce caractère a permis à d'Orbigny de démontrer que certaines *Actæonina,* semblables à des *Conus* par leur aspect extérieur, doivent être classées dans les *Actæonidæ,* parce que la coupe faite dans l'axe de la coquille pétrifiée indique la persistance des cloisons à tout âge. Je ne crois pas qu'on ait jamais étudié les causes de cette résorption interne : en tous cas, elle n'est pas accidentelle.

De l'épiderme, soyeux, fibreux ou piléeux, qui recouvre souvent le test des coquilles vivantes, il ne reste rien dans les fossiles ; d'ailleurs, il disparaît même sur les espèces actuelles, pour peu qu'elles aient été quelque temps roulées dans la mer. Il résulte de là qu'on ne peut guère faire entrer les vestiges de coloration du test en ligne de compte dans la détermination des genres fossiles : les traces qu'on en observe exceptionnellement sur quelques rares échantillons, consistent en bandes ou fascioles brunes, rarement en ponctuations (points jaunes dans *N. millepunctata* du Plaisancien). Dans les *Neritidæ* cependant la fossilisation a très souvent respecté les couleurs foncées qui ornaient le test de l'animal en vie ; mais on ne peut même pas utiliser ces vestiges pour séparer les espèces de cette famille, attendu que précisément, dans un grand nombre d'entre elles, la coloration varie d'un individu à l'autre.

Je ne parle que pour mémoire des rangées de perforations microscopiques qu'on observe sur certaines coquilles (*Megatylotus crassatinus*, *Ampullina abscondita*) et qu'il ne faut pas confondre avec l'ornementation du test : cette disposition quasi-spongieuse, mais plus régulière cependant, est rare dans les Gastropodes et doit jouer un rôle dans les fonctions de l'épiderme.

En ce qui concerne la n a c r e que présente le test de certaines familles (*Trochidæ*, *Haliotidæ*), c'est une mince couche interne dont l'irisation miroite à l'entrée de l'ouverture; elle résiste à la fossilisation dans les terrains sableux ou argileux, mais elle disparaît complètement dans les terrains calcaires ou terreux. Cependant, quand le test n'est pas trop altéré, on peut encore vérifier si la coquille était nacrée en détachant une mince couche de ce test, sans atteindre toutefois la gangue interne du moule remplaçant l'animal; la couche nacrée apparaît alors quand elle existe.

PIÈCES ACCESSOIRES

Indépendamment de la coquille, les mollusques de la classe des Gastropodes ont souvent des pièces accessoires, telles que les plaques du gésier (*Scaphander*), l'opercule, le *clausilium*, etc.

Il est presque superflu de mentionner les plaques du gésier qui sont toujours détruites par la fossilisation.

L'opercule, fixé à la partie postérieure du pied des Gastropodes, sert à fermer leur ouverture, lorsqu'ils se retirent en se contractant (Fischer) ; par conséquent, ce n'est que dans les couches dont le dépôt s'est effectué dans un milieu parfaitement calme, comme au sein des lacs par exemple, qu'on peut trouver des coquilles encore munies de leur opercule en place. Dans les genres où cette pièce est cornée, elle n'a pas résisté à la décomposition; il ne s'agit donc que d'opercules calcaires, et, la plupart du temps, on les recueille isolés : c'est donc seulement par leur affinité avec ceux des genres vivant actuellement, qu'on peut reconnaître à quelles coquilles ils doivent être appliqués. Pour les opercules des genres éteints, on en est réduit aux conjectures; aussi me dispenserai-je d'insister sur ce sujet, d'ailleurs traité d'une manière très complète dans le *Manuel* de Fischer (p. 444).

Enfin, le *clausilium* est aussi une pièce accessoire, que l'on n'a signalée qu'à l'intérieur de l'ouverture des *Clausiliidæ*; il est bien rare qu'on le trouve en place dans les fossiles, et d'ailleurs c'est une organisation toute spéciale dont l'étude sort du chapitre des généralités.

DIVISION DU SUJET

La présente livraison est consacrée à la revue des *Opisthobranchiata* : cet ordre a été placé par les conchyliologues, tantôt au début, tantôt à la fin de la classification des mollusques, mais toujours dans le voisinage des *Pulmonata*. Si j'en entreprends l'étude avant celle des *Prosobranchiata*, c'est qu'ils forment un groupe homogène, bien limité, se prêtant tout à fait, par son étendue restreinte, à l'essai que je tente en publiant cette première livraison.

J'y joins d'ailleurs les *Nucleobranchiata* et, parmi les *Pulmonata*, le sous-ordre des *Thalassophila*, qui sont à peine représentés dans la faune fossile. Quant aux autres *Pulmonata*, je compte ne les passer en revue qu'après toute la série des Gastropodes marins.

En tête de chaque famille, après l'indication sommaire des caractères distinctifs de la famille, je place un tableau récapitulatif des genres, des sous-genres et des sections qu'elle comporte, et je divise ce tableau en trois parties : la première, relative aux formes signalées à l'état fossile, résume seulement les noms des coupes que j'admets, soit comme genres, soit seulement comme sous-genres, soit enfin comme simples sections ; dans la seconde, je me borne à citer les noms des formes qu'on n'a pas signalées à l'état fossile, et qui, par conséquent, n'intéressent pas mon étude, exclusivement paléontologique ; enfin, dans la troisième, j'indique les genres qui me paraissent devoir être éliminés de la famille, pour des motifs que je rappelle brièvement.

Ce tableau des matières a surtout pour but de bien fixer la valeur relative des divisions génériques que j'ai admises : je sais que beaucoup de mes confrères n'admettent ni les sections, ni même les sous-genres, et qu'ils mettent radicalement sur le même rang toutes les coupures qu'ils font dans une famille. Cette opinion ne me semble pas conforme aux principes de subdivision qu'on retrouve à tous les degrés dans la Création; elle exclue l'idée d'une évolution graduelle des êtres qui, pour passer du simple au composé, de l'unité initiale à la multiplicité actuelle, doit nécessairement procéder par voie d'embranchements successifs. Pour prendre une comparaison frappante dans un tout autre ordre d'idées que dans la nature, je dirai, par exemple, qu'un général ne commande pas directement à tous ses soldats : or, la hiérarchie d'une armée existe aussi en histoire naturelle, et elle satisfait mieux l'esprit qu'une méthode consistant à attribuer autant d'importance à des caractères principaux qu'à des caractères secondaires. On objecte, il est vrai, qu'en admettant les sous-genres et les sections on s'expose à contrevenir à la règle de nomenclature binominale : d'abord ce prétexte est spécieux, car rien n'oblige celui qui veut désigner une espèce, à lui donner plus de deux noms, qu'il prenne pour le premier le nom du genre, du sous-genre ou de la section ; en second lieu, quand même il devrait en résulter, dans certains cas, l'énonciation de trois noms, dont un (celui du sous-genre ou de la section) entre parenthèses, je ne vois pas où serait l'inconvénient s'il doit en résulter plus de clarté pour le lecteur, surtout quand cela se réduit au fond à une pure question de typographie.

C'est pourquoi je n'ai pas hésité à adopter la division en genres, sous-genres et sections, chaque fois qu'il y a lieu, sans m'y croire cependant contraint par les lois de la symétrie.

Chaque genre, chaque sous-genre et chaque section est ensuite l'objet d'une diagnose établie sur un modèle uniforme, d'après l'espèce type, et amendée, s'il y a lieu, d'après le plésiotype fossile : il ne m'a pas toujours été possible de me procurer des échantillons des espèces typiques pour les faire photographier, surtout quand il s'agit de formes exotiques, précieusement conservées dans des Musées de l'étranger (British Museum, Université d'Adélaïde en Australie, Smithsonian Institute) ; dans ce cas, j'ai calqué et fait reproduire la figure donnée par l'auteur, de sorte que je suis arrivé, à peu d'exceptions près, à donner l'iconographie de tous les genres d'*Opisthobranchiata* signalés à l'état fossile. Les photographies ont été faites d'après les échantillons des collections que je cite, par deux collaborateurs dévoués, MM. Ridel et Boursault, dont le zèle et l'habileté ont réussi à obtenir d'excellents clichés, ne nécessitant qu'un petit nombre de retouches pour la phototypie, confiée à MM. Sohier et Campy.

Contrairement à l'opinion de quelques-uns de nos confrères, qui pensent qu'une description de deux lignes, accompagnée d'une bonne figure, suffit amplement pour caractériser une coquille, je n'ai pas hésité à développer largement les observations relatives aux rapports et aux différences à l'aide desquels on justifie la séparation des genres fossiles soit entre eux, soit en les comparant aux formes vivantes : il m'a toujours semblé qu'en matière d'histoire naturelle | une affirmation doit être étayée par des preuves basées sur l'observation ; d'ailleurs, les diagnoses sont souvent presque identiques, à quelques mots près, de sorte qu'il faut bien appeler l'attention du lecteur sur ces différences, en apparence légères, et expliquer pour quel motif on leur attribue une importance capable de justifier la séparation proposée. Si beaucoup d'auteurs avaient procédé de cette manière, on ne serait pas aujourd'hui dans l'hésitation au sujet de la valeur des noms qu'ils ont donnés.

L'histoire du genre se termine par un tableau indiquant à quels niveaux stratigraphiques son existence a été, jusqu'à présent, authentiquement constatée : à cet effet, dans chaque terrain, je cite une ou plusieurs espèces, vérifiées autant que possible par moi-même, et le nom de la collection à laquelle appartiennent les échantillons qui m'ont permis de faire cette vérification ; à défaut, j'indique l'auteur dont l'ouvrage contient les figures permettant de signaler ces témoins biologiques. Quant aux terrains dont les noms sont placés en regard, j'ai adopté la classification proposée dans le Bulletin de la Société géologique de France, par MM. Munier-Chalmas et de Lapparent (3e série, t. XXI, n° 6, 1893), et paraissant admise pour la légende de la feuille d'assemblage des cartes à l'échelle de 1/320000e. Toutefois, comme la multiplicité des subdivisions stratigraphiques serait sans intérêt au point de vue spécial de la descendance des Gastropodes dans les temps géologiques, j'ai emprunté à cette classification : pour le groupe paléozoïque, les noms des systèmes, pour le groupe mésozoïque, ceux des étages, et seulement ceux de séries dans le groupe néozoïque. Enfin, l'énoncé de cette répartition stratigraphique se termine, s'il y a lieu, par une ligne ou deux, correspondant à l'époque actuelle.

Ces tableaux de répartition stratigraphique m'ont permis de reconstituer, à la fin de la livraison, un résumé graphique de l'enchaînement ancestral des *Opisthobranchiata*, tel qu'il résulte de l'état actuel de nos connaissances paléontologiques : à cet effet, je ne me suis pas borné à tracer, comme l'ont fait d'Orbigny, Zittel et tout récemment White, une table à double entrée représentant par des traits plus ou moins allongés la longévité d'une famille, d'un ordre ou d'une classe ; mais j'ai cherché à me rapprocher du système en éventail auquel je faisais allusion, au début de la préface de cette livraison. Il est bien évident que le résultat auquel j'arrive ne se présente pas avec la régularité de bifurcations successives, également épanouies de chaque côté du centre ; néanmoins il paraît confirmer, jusqu'à un certain point, la théorie d'après laquelle les types actuels seraient issus d'une origine commune, qui serait, pour les *Opisthobranchiata*, le genre *Actæonina*, ou plutôt l'un de ses sous-genres *Cylindrobullina*. Quelque imparfaite que soit encore cette conclusion, elle tend du moins à démontrer l'utilité des recherches dans le sens de celles que j'ai entreprises.

OPISTHOBRANCHIATA

Le sous-ordre I, *Nudibranchiata*, ne comprenant que des animaux sans coquille, n'a pas laissé de traces de son existence dans les temps géologiques.

Le sous-ordre II, *Tectibranchiata*, le seul dont la coquille souvent rudimentaire, ait pu se conserver à l'état fossile, est divisé par P. Fischer en trois groupes, *Cephalaspidea, Anaspidea* et *Notaspidea*, selon qu'ils possèdent un disque céphalique, un bouclier dorsal, ou qu'ils n'en ont pas.

Le groupe A, le plus important au point de vue du nombre des familles, est lui-même subdivisé selon qu'il y a un opercule ou qu'il n'y en a pas, et dans ce dernier cas, selon que la coquille est extérieure (*Ectoconcha*) ou recouverte par le manteau (*Entoconcha*).

Si l'on admet ce classement, voici comment se répartissent les familles, en y ajoutant celles que je vais proposer :

Operculata .... { *Actæonidæ.*
{ *Tubiferidæ.*

Inoperculata.. .... { Ectoconcha .... { *Tornatinidæ.*
Scaphandridæ.
Bullidæ.
Aceridæ.
Ringiculidæ.
Aplustridæ.

{ Entoconcha ...:............ { *Gastropteridæ.*
Philinidæ.
Doridiidæ.

Le groupe B, *Anaspidea*, se { Entoconcha .... *Aplysiidæ.*
subdivise en.......... { Ectoconcha .... *Oxynoeidæ.*

Enfin le groupe C, *Notaspidea*, ne comprend que trois { *Pleurobranchidæ.*
familles .... { *Runcinidæ.*
{ *Umbrellidæ.*

Toutes les coquilles du groupe A ont l'embryon hétérostrophe plus ou moins saillant.

ACTÆONIDÆ

Coquille ovale, lisse ou ornée de sillons spiraux souvent ponctués ; spire généralement courte, à embryon hétérostrophe, à
tours embrassants ; labre peu incliné, à peine sinueux ; ouverture relativement grande, allongée, arrondie, entière et parfois
versante en avant, rétrécie en arrière par la convexité de la base
qui vient en contact avec le plan du labre ; columelle plissée ou
tordue, quelquefois à peine infléchie, ou même simple à l'âge
adulte.

Tableau des genres, sous-genres et sections

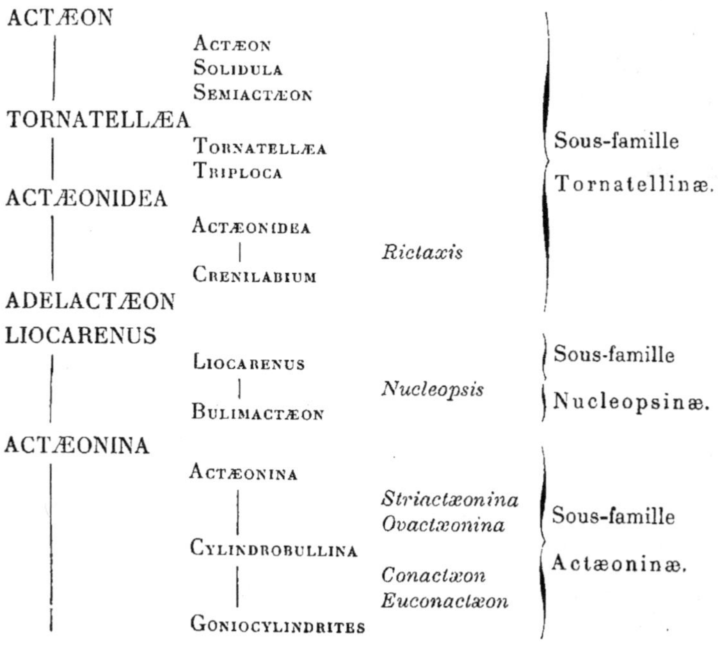

TROCHACTÆONINA
DOUVILLEIA   } Sous-famille
GLOBICONCHA
BLANCIA   } Globactæoninæ.

CYLINDRITES

   | CYLINDRITES
   | *Volvocylindrites*
   | PTYCHOCYLINDRITES   } Sous-famille
ACTÆONELLA
   | ACTÆONELLA   } Actæonellinæ.
   | |
   | TROCHACTÆON
   | |
                        Cylindritella

Genres et sous-genres non signalés à l'état fossile

OVULACTÆON. Dall. 1889. (Type : *O. Meeki*, Dall. la Havane.) Ouverture d'*Actæonella* sans plis, sommet perforé comme celui d'une *Bulla*.

Genres et sous-genres à éliminer des Opisthobranchiata

LEUCOTINA, A. Ad., 1860. Ouverture et embryon de *Pyramidellidæ*; coquille identique à *Raulinia*. Mayer, 1865, d'après la vérification que j'ai faite sur deux espèces (L. *lirata*, Carp. et L. *digitale*, A. Ad.) étiquetées de la main d'Adams, et obligeamment communiquées par M. Crosse.

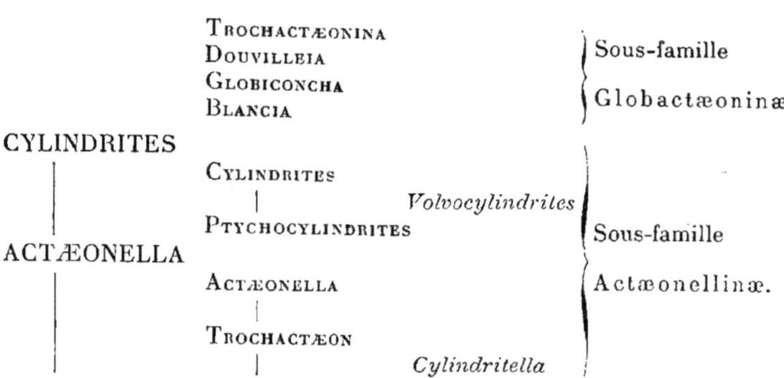

FIG. 34.
Kleinella cancellaris, Ad.

KLEINELLA, A. Ad., 1860. Grâce à l'obligeance de M. Newton, du British Museum, j'ai constaté que ce genre, dont le type n'a jamais été figuré, a la spire obtuse au sommet, la columelle dénuée de pli, et le labre se raccordant normalement à l'avant-dernier tour, au lieu d'être dans un plan tangentiel à la base; ces caractères, qui s'écartent complètement de ceux des *Actæonidæ*, rapprochent les *Kleinella* des *Menestho*. A l'appui de cette assertion, j'ai fait reproduire (fig. 34) un dessin fait par M. Smith, d'après le type *K. cancellaris*, A. Ad. du British Museum. (Voir Ann. mag. nat. hist., vol. V, sér. 3, p. 302.)

VOLVARIA, Lamk. 1801. Embryon homœostrophe, en goutte de suif, d'après la vérification que j'en ai faite sur un individu de V. *Lamarcki*, Desh. Dans ces conditions, ce genre n'appartient évidemment pas aux *Actæonidæ*, ni aux *Bullidæ*, où on l'a successivement classé, mais il se rapproche plutôt des *Volutidæ*.

CYLINDRITOPSIS, Gemm. 1889. Suivant l'opinion de M. Koken, on ne peut admettre dans les *Actæonidæ*, ni même dans les *Opisthobranchiata*, le genre permo-carbonifèrien *Cylindritopsis*, caractérisé par sa forme de *Strobeus*, avec un pli columellaire et un bec antérieur échancré. La raison principale qui justifie cette élimination est, à mon avis, la forme du labre obliquement incliné à gauche de l'axe, du côté antérieur ; l'origine marine des calcaires à *Fusulina*, de la vallée du fleuve Sosio, en Sicile, où ont été recueillis les *Cylindritopsis*, ne permet guère de supposer que ce soient des *Auriculidæ* ; je crois plus naturel de les rapprocher des *Macrochilidæ*, comme le propose Koken, et par conséquent de les classer dans les *Pyramidellidæ*, où nous les retrouverons ultérieurement.

ACTÆON, Montf. 1810.

(= *Tornatella*, Lamk. 1812 ; = *Speo*, Risso 1826 ; *sec.* Fischer)
(= *Kanilla*, Silvertrop 1838 ; = *Myosota*, Gray 1847 ; *sec.* Zittel)

Un ou plusieurs plis columellaires, ouverture régulièrement arrondie en avant ; sillons spiraux ponctués.

ACTÆON, *sensu stricto.*   Type: *Voluta tornatilis*, Lin. Viv.

Forme ovale ; embryon peu saillant, dévié, hétérostrophe ; spire généralement plus courte que le dernier tour, à sutures bien marquées ; surface totalement ou partiellement sillonnée dans le sens spiral, avec de fines lamelles d'accroissement qui ponctuent seulement le creux des sillons ; ouverture allongée, arrondie et entière en avant, rétrécie en arrière ; labre arqué, un peu sinueux en arrière, épaissi à l'intérieur ; columelle épaisse, non tronquée, traversée par un fort pli spiral et peu oblique, dont le prolongement contourne l'ouverture et se relie par une courbe régulière au bord supérieur.

Actæon

Diagnose prise sur une coquille typique de la Méditerranée, ma coll. Plésiotype fossile de l'Eocène, *A. subinflatus*, d'Orb. (Pl. l, fig. 1) ma coll.

Observ.—A côté du groupe typique, qui est largement représenté dans les terrains tertiaires, on pourrait admettre un second groupe pour *A. Gmelini*, Bayan (Pl. 1, fig. 2), dont le pli columellaire est moins arrondi, plus large, sillonné par une dépression qui lui donne l'aspect bifide; dont l'embryon est plus saillant et forme une crosse déviée avec un tour et demi enroulé autour d'un axe perpendiculaire à celui de la coquille, et montrant un nucléus apical distinct, tandis que, dans les *Actæon* typiques, ce nucléus est souvent noyé dans un empâtement à demi recouvert par le premier tour dextre qui succède à l'embryon. Toutefois, ces différences légères ne justifient pas la création d'une section distincte. L'opercule corné des *Actæon* ne s'est pas conservé à l'état fossile.

Répart. stratigr.

TURONIEN	Plusieurs espèces dans le Crétacé supérieur de l'Inde (*Actæon curculio*, Forbes et *junceus*, Stol.) munies d'un seul pli columellaire, d'après la figure et le texte
et	
SENONIEN	de Stoliczka ; aucune espèce certaine en Europe.
PALEOCENE	Nombreuses espèces typiques dans le bassin de Paris (*Actæon Gilberti*, Cossm. *Deshayesi*, Mun. Ch. *Loustauæ*, Desh. etc.), ou dans l'Alabama (*A. punctatus*,
et	
EOCENE	Lea et *lineatus*, Lea) ma coll.
OLIGOCENE.	Plusieurs espèces typiques dans le bassin de Paris, de Mayence ou de l'Allemagne du Nord (*A. punctatosulcatus*, Phil.) ma coll.
MIOCENE	Plusieurs espèces bien caractérisées, dans le Bordelais (*A. semistriatus* et *punctulatus*, Fér.) ma coll. ; une espèce du Tertiaire de la Jamaïque (*Torn. textilis*, Guppy), d'après la figure de l'auteur.
PLIOCENE.	Le type existe fossile à Ficarazzi, ma coll. (*dedit* M. de Monterosato ; signalé à Anvers, dans le Crag, d'après la figure de Nyst.
EPOQUE ACTUELLE.	Environ 20 à 30 espèces vivant dans toutes les mers, d'après P. Fischer.

SOLIDULA, Fisch. v. W., 1807. Type : *Voluta solidula*, Lin. Viv. (= *Buccinulus*, Ad. 1850 ; = *Dactylus* ; Schum, 1817 ;
sec. P. Fischer).

Forme, embryon, spire et ornementation d'*Actæon ;* ouverture allongée, arrondie et un peu versante en avant, rétrécie en arrière;

labre arqué, un peu sinueux en arrière, non épaissi à l'intérieur ;
columelle épaisse, portant en avant un large pli bifide, dont le
prolongement contourne l'ouverture et se relie par une sinuosité
au bord supérieur ; bord columellaire portant en arrière un second
pli simple et plus mince que l'autre, enfoncé en spirale à l'intérieur de l'ouverture et peu visible quand celle-ci est intacte.

> Diagnose prise sur une coquille typique de la Nouvelle-Calédonie, ma
> coll. Plésiotype fossile du calcaire grossier, *Actæon Bevaleti*, Bau-
> don (Pl. 1, fig. 3-4), coll. Pezant.

Observ. — Se distingue des *Actæon* typiques par sa plication columellaire
et par la forme un peu versante du contour supérieur de l'ouverture ; si
ces différences ne justifient pas la séparation d'un genre distinct, elles
permettent du moins de séparer les *Solidula* des *Actæon* et de ne pas sub-
stituer au nom *Actæon* un vocable antérieur, il est vrai, mais très incor-
rectement formé, puisque c'est un simple adjectif et précisément le nom
spécifique du type.

Répart. stratigr.

EOCENE . . . . Une espèce dans le bassin de Paris (*A. Bevaleti*, Bau-
don), coll. Pezant, Bourdot, etc.

MIOCENE . . . . Une espèce dans le Bordelais, dont le pli supérieur est
à peine bifide (*A. striatellus*, Grat.) ma coll.

EPOQUE ACTUELLE. Vivant dans la Mer Rouge et aux Philippines, d'après
P. Fischer.

SEMIACTÆON, Cossm. 1889. Type : *Torn. sphœricula*, Desh. Eoc.

Forme et spire d'*Actæon ;* embryon à nucléus hétérostrophe,
presque totalement involvé et sans saillie ; ornementation cancellée ; ouverture courte, ovale, atténuée à ses deux extrémités ;
labre arqué, sinueux en arrière, souvent épaissi par un bourrelet
externe très obsolète ; columelle droite, portant au milieu un pli
tordu à peine saillant ; bord columellaire ne recouvrant pas la
fente ombilicale, non raccordé à sa jonction avec le contour supérieur.

Diagnose prise d'après un individu typique du calcaire grossier des environs de Paris (pl. I, fig. 7-8), coll. Pezant.

Observ. — Se distingue des *Actæon* typiques par son embryon non saillant, par la faible proéminence du pli columellaire, par sa columelle droite, ne se courbant pas pour se raccorder au bord supérieur, par son ombilic étroitement perforé, enfin par son ornementation plutôt treillissée que spirale et ponctuée; se distingue des *Leucotina* ou *Raulinia* (*Pyramidellidæ*), malgré une grande analogie de forme et d'ornementation, par la courbure et l'épaississement du labre qui n'est pas incliné à gauche de l'axe au côté antérieur, par la forme moins courte de l'ouverture qui est plus rétrécie en arrière; enfin, par la plication obsolète de sa columelle.

Répart. stratigr.

Eocene . . . . Une espèce dans le bassin de Paris, *A. sphæriculus*, Desh, ma coll., coll. Pezant.

Miocene . . . . Une espèce dans le Bordelais, *A. cancellatus*, Grat., d'après Benoist.

TORNATELLÆA, Conrad, 1860.

Plusieurs plis columellaires; ouverture échancrée par une sinuosité antérieure.

Tornatellæa, *sensu stricto.* Type : *T. bella*, Conr. Eoc.

Forme, embryon, spire et ornementation d'*Actæon ;* ouverture assez large, subéchancrée ou sinueuse en avant, peu rétrécie en arrière; labre arqué, non sinueux en arrière, épaissi et crénelé ou sillonné à l'intérieur; columelle peu courbée, recouverte d'une lèvre mince qui porte deux plis obliques et lamelleux, et qui se termine en pointe dans l'angle de droite de l'échancrure du contour supérieur.

Diagnose faite d'après *T. simulata*, Sol. de Barton (pl. I, fig. 5-6), ma coll., espèce du même genre que le type (*sec.* Fischer).

Observ. — A été confondu, notamment par Tryon, avec *Solidula ;* s'en distingue par la disposition de ses plis columellaires, par l'épaississement

interne et souvent crénelé du labre, surtout par l'échancrure du contour
antérieur, bien visible lorsqu'on regarde la coquille en plan : ces caractères
justifient la séparation d'un genre distinct des *Actæon*, bien plus ancien
dans la série géologique.

Répart. stratigr.

SINEMURIEN...... Une espèce douteuse à la base du Lias (*Tubifer He-
berti*, Piette), coll. de l'Ecole des Mines.

CHARMOUTHIEN... Une espèce à peu près certaine dans l'Est de la France
(*Orthostoma fontis*, Dum.), coll. du Musée de Dijon.

TOARCIEN........ La même espèce, à Champigneulles, coll. de la Sorbonne.

BAJOCIEN........ Trois espèces certaines, soit à Sully, soit à **Nancy**
(*Tornatella pulchella*, Desh., etc.), coll. Deslongchamps, Pellat, Brasil, de la Sorbonne, etc.

BATHONIEN...... Deux espèces typiques, dans l'Est et dans le Boulonnais (*Tornatella cingillata*, Terq. et *multistriata*,
Rig. et Sauv.) coll. de l'Ecole des Mines, coll. Rigaux.

CALLOVIEN....... Une espèce probable dans les couches de Montreuil-
Bellay (*Tornatella Lorierei*, Héb. et Desl.), d'après
la figure donnée par les auteurs.

OXFORDIEN...... Une espèce inédite dans les environs d'Elatma, en Russie; coll. de l'Université de Moscou.

RAURACIEN...... Une espèce certaine, à Saint-Mihiel (*Tornatella myo-
sotis*, Buv.) coll. Moreau.

SEQUANIEN...... Plusieurs espèces certaines et inédites, dans le Boulonnais et la Charente; seront décrites dans la Revision de la Paléontologie française.

PORTLANDIEN..... Une espèce probable dans la Meuse et dans l'Yonne
(*Tornatella secalina*, Buv.) d'après la figure donnée
par l'auteur et par de Loriol et Cotteau.

NEOCOMIEN...... Une espèce certaine dans l'Est de la France (*Actæon
marullensis*, d'Orb.) coll. Moreau.

BARREMIEN...... Une espèce nouvelle, des couches rouges de Vassy
(*T. Lapparenti, nob.*). Voir l'annexe et la pl. II,
fig. 21-22, coll. de la Faculté catholique de Paris.

ALBIEN.......... Une espèce bien caractérisée dans le Gault de Cosne,
(*T. cosnensis*, de Lor.) d'après la figure donnée par
l'auteur.

CENOMANIEN..... Une espèce certaine dans la Meule de Bracquegnies
(*Act. affinis*, Sow.) coll. Bourdot; autre espèce du
Mans (*A. cenomanensis*, Guér.), d'après la photo-
graphie faite par l'auteur.

TURONIEN........ Une espèce probable dans l'Est de la France (*Torna-*

tella lacrymoides, Barr. et de Guerne) d'après la figure donnée par les auteurs.

SENONIEN........ Deux espèces certaines, à Aix-la-Chapelle (*Actæonina doliolum,* Mull. et *Mulleri,* Bosq.), d'après les figures de M. Holzapfel; existe aussi dans le Crétacé de l'Inde.

PALEOCENE ...... Une espèce bien caractérisée dans le bassin de Paris (*Tornatella parisiensis,* Desh.) ma coll.

EOCENE .... Une espèce dans les couches de Barton et de Wemmel (*Torn. simulata,* Sol.) ma coll.; le type dans l'Alabama (*T. bella = lata,* Conr.), d'après la figure de l'auteur (Amer. journ. of Conch.).

OLIGOCENE ...... Le plésiotype (*T. simulata,* Sol.) dans le bassin de Mayence, ma coll.

MIOCENE .... Même espèce dans les faluns du Bordelais, d'après Benoist.

TRIPLOCA, Tate, 1893.   Type: *T. ligata,* Tate. Eoc.

Forme et embryon d'*Actæon;* spire un peu allongée, ornée de sillons finement ponctués, à sutures bordées d'un sillon plus profond; ouverture de *Tornatellæa;* labre épaissi, non crénelé; columelle munie de trois plis tranchants et parallèles, les deux antérieurs très rapprochés; bord columellaire réfléchi sur la région ombilicale, et se reliant par une sinuosité subéchancrée avec le contour supérieur.

D'après des échantillons typiques; reproduction de la figure de l'auteur (Pl. VII, fig. 19).

Observ. — La différence capitale entre ce sous-genre et le genre *Tornatellæa* consiste dans l'existence de trois plis columellaires, au lieu de deux; il se distingue des *Ringinella,* dont il a complètement l'aspect, par son labre non bordé et par ses plis columellaires qui n'ont pas tout à fait la disposition de ceux des *Ringinella.* Dans ces conditions, je conserve le sous-genre *Triploca* dans les *Actæonidæ* que je rattache aux *Tornatellæa.*

Répart. stratigr.
EOCENE........ Une espèce, type du sous-genre, dans le Tertiaire d'Australie, ma coll. (plusieurs échantillons donnés par M. Tate).

ACTÆONIDEA, Gabb. 1873.

Columelle tronquée en avant, munie d'un seul pli médian, non enroulé à la base.

ACTÆONIDEA, *sensu stricto.*   Type : A. *oryza*, Gabb. Tert.

Forme étroite ; embryon peu saillant, hétérostrophe et dévié ; spire plus courte que le dernier tour, à sutures marquées ; surface finement décussée, à lamelles d'accroissement un peu crépues ; ouverture allongée, à peine élargie en avant, très étroite en arrière ; labre peu épais, assez arqué, un peu incliné par rapport à l'axe et à droite du côté antérieur ; bord columellaire peu excavé, largement étalé en arrière, aminci et tordu en avant, se terminant par une troncature contre le bord supérieur, qui fait une sinuosité subéchancrée, souvent laciniée ; pli columellaire placé plus haut que le tiers de la hauteur, saillant, épais et brusquement interrompu à la limite du bord columellaire qui recouvre complètement l'ombilic.

Diagnose prise d'après *A. Munieri*, Desh. d'Acy en Multien
(Pl. 1, fig. 20-21) ma coll.

Observ. — Les *Actæonidea* doivent être génériquement séparés des *Actæon*, à cause de leur forme étroite, de leur plication columellaire, de leur columelle tronquée, et de leur échancrure sinueuse formant presque un bec à l'extrémité antérieure de l'ouverture ; cependant leur embryon, la forme de leur labre et même l'ornementation, bien qu'un peu différente, les rapprochent encore des *Actæon*. Je n'ai pas eu à ma disposition d'échantillon de l'espèce typique, *A. oryza* ; mais la figure qu'en a donnée Tryon (Struct. and. syst. Conch.) me paraît presque identique à notre *A. Munieri*, sauf quelques différences spécifiques, de sorte que j'ai pris, sans hésitation, ce dernier comme plésiotype pour la diagnose qui précède.

Répart. stratigr.
EOCÈNE......... Deux espèces dans le bassin de Paris (*A. Munieri et dactylinus*, Desh.) ma coll.

Actæonidea

OLIGOCENE...... Une espèce dans le Tongrien de l'Allemagne du Nord (*Torn. alata*, von Kœnen), d'ap. la figure de l'auteur.

MIOCENE........ Outre le type dans le Tertiaire d'Amérique, une espèce dans les faluns du Bordelais (*A. pinguis*, d'Orb.) ma coll.

RICTAXIS, Dall. 1891.   Type: *Act. punctato-cœlatus*, Carp. Viv.

Forme ovale; embryon peu saillant, hétérostrophe et dévié; spire courte, à sutures linéaires : ornementation d'*Actæon*; ouverture fusoïde, atténuée en avant; labre peu épais, presque vertical, à peine curviligne, faiblement échancré en arrière; bord columellaire aminci du côté postérieur, calleux et fortement excavé dans sa moitié supérieure, se terminant par une troncature obliquement infléchie, contre le bord antérieur qui est à peine échancré par une faible sinuosité; gros pli columellaire épais, se prolongeant jusqu'à l'arête qui limite la callosité du bord interne.

Diagnose prise d'après l'espèce typique (Pl. I, fig. 10) ma coll.

Observ. — Cette forme est voisine d'*Actæonidea*, dont la rapprochent sa columelle tronquée et son embryon peu saillant; mais le pli columellaire, quoique n'étant pas davantage enroulé sur la base, est beaucoup plus gros, placé plus haut, sur une excavation plus profonde du bord columellaire, qui s'étend moins en arrière et qui est plus obliquement courbé du côté antérieur, de sorte que l'ouverture présente plus l'apparence d'un bec rudimentaire, que dans le genre *Actæonidea*. Enfin la forme et l'ornementation des *Rictaxis* sont différentes et se rapprochent plus de celles des *Actæon*: il est donc légitime de séparer ces deux coupes, mais en ne considérant l'une que comme une subdivision sectionnelle de l'autre; si l'on ne tient compte que des dates, il serait plus correct de prendre pour genre *Rictaxis*, qui est de deux années antérieur à *Actæonidea*, tandis que ce dernier est géologiquement l'ancêtre de l'autre.

Répart. stratigr.

EOCENE......... Deux espèces (*Act. punctatus*, Lea et *annectens*, Meyer) dans l'Alabama, ma coll.; la première surtout, identique au type vivant.

EPOQUE ACTUELLE. Une espèce vivant sur les côtes de Californie, type de la section.

CRENILABIUM, Cossm. 1889.   Type : *Act. aciculatus*, Cossm. Eoc.
(= *Lissactæon*, Monts, 1890. Natur. Sicil., p. 28).

Forme étroite ; embryon saillant, hétérostrophe et dévié perpendiculairement à l'axe ; spire au moins égale à l'ouverture, à sutures linéaires ; surface presque lisse, ou très finement striée dans le sens spiral, stries plus visibles à la base ; ouverture courte, étroite, ovale en avant ; labre mince, presque vertical ; bord columellaire très étroit, muni d'un pli mince qui s'enfonce très obliquement en arrière dans l'ouverture, portant en avant de fines crénelures, et se terminant en pointe effilée contre le bord supérieur qui fait une sinuosité subéchancrée.

Diagnose faite d'après le type de Cuise (Pl. I, fig. 9) ma coll.

Observ. — Ce sous-genre se rattache aux *Actæonidea* par la troncature de la columelle et par la disposition de l'embryon, mais il s'en écarte par tous ses autres caractères, principalement par ses crénelures columellaires ; les *Crenilabium* ressemblent aussi à quelques *Actæon* lisses ou très étroits, mais leur échancrure et leurs crénelures les en distinguent facilement. J'ai, non sans difficulté, avec un très puissant grossissement, constaté l'existence de stries spirales et de très faibles crénelures columellaires sur l'espèce choisie par M. de Monterosato comme type de son genre *Lissactæon* (*Act. exilis*, Jeffr.) : il y a donc identité complète entre ce nom et notre sous-genre antérieur *Crenilabium*. En ce qui concerne *Act. exilis*, il y a d'ailleurs lieu de remarquer que le nom *exilis* ne pourrait être conservé, comme faisant double emploi avec *Etheridgei*, Bell, qui non seulement est antérieur, mais encore qui a été décrit et figuré, tandis que l'autre est un nom de liste, s'appliquant à un individu très usé, comme le constate Wood (Crag. moll.), de sorte qu'il ne pourrait correctement servir de type à une nouvelle coupe générique.

Répart. stratigr.

SÉNONIEN............   Une espèce probable à Aix-la-Chapelle (*Actæonina lineolata*, Reuss), d'après le type communiqué par M. Holzapfel.

PALÉOCÈNE......   Une espèce à Copenhague (*Actæonina elata*, v. Kœn.) d'après la figure.

ÉOCÈNE........   Deux espèces, outre le type, dans le bassin anglo-parisien (*Act. crenatus, elongatus*, Sow.) ma coll.

Actæonidea

OLIGOCENE....... Deux espèces certaines, l'une dans l'Allemagne du Nord (*C. tenua*, v. Kœn.) d'après l'auteur ; l'autre dans l'étage stampien (*Act. Bouryi*, Cossm. et Lamb.), ma coll.

MIOCENE......... Une espèce dans les faluns du Bordelais (*Act. Basteroti*, Ben.) ma coll.

PLIOCENE....... Une espèce certaine dans le Crag et en Sicile (*Act. Etheridgei*, Bell.) coll. du Musée de Dijon.

EPOQUE ACTUELLE. Une espèce vivant dans l'Atlantique (*A. Etheridgei* = *A. exilis*, Jeffr.) d'après la figure de l'ouvrage de M. Dautzenberg sur les mollusques des Açores.

ADELACTÆON. *nom. mut.*

(= *Myonia*, A. Ad. 1860, *non* Dana, 1847).

ADELACTÆON, *sensu stricto.*   Type: *Act. papyraceus*, Bast. Mioc.

Forme allongée ; embryon sans saillie, à peine dévié, à nucléus hétérostrophe, empâté dans les tours suivants ; spire égale ou supérieure au dernier tour, à sutures enfoncées ou canaliculées ; surface totalement décussée par des rainures et des stries ou fines lamelles d'accroissement ; ouverture courte, ovale, à péristome mince ; labre rectiligne, obliquement incliné par rapport à l'axe, vers la gauche du côté antérieur ; columelle peu excavée, avec un faible pli postérieur, bord columellaire peu épais, recouvrant imparfaitement la fente ombilicale et se raccordant sans sinuosité au contour supérieur.

Diagnose prise d'après le type fossile de Saucats, *Act. papyraceus*, Bast. (pl. 1, fig. 15), ma coll.

Observ. — Ce genre ressemble aux *Actæon* par l'ensemble de ses caractères, il s'en écarte par son embryon non saillant, paraissant homœostrophe au premier abord, mais dont le nucléus n'est pas apparent, de sorte qu'on en conclut qu'il a subi une déviation telle que la face opposée, où se trouve le nucléus, est adhérente au reste de la spire, comme l'indique le grossissement ci-contre (fig. 35). Dans ces conditions,

Adelactæon.

comme l'ornementation de la spire a beaucoup d'analogie avec celle des *Actæon*, quoique le pli columellaire soit placé plus bas et le labre incliné dans le sens opposé, comme d'autre part l'embryon se rapproche plus de celui de quelques-uns des membres de la famille *Actæonidæ*, que des *Pyramidellidæ* et principalement des *Odontostomia*, il semble que la question très controversée du classement de ce genre est désormais tranchée. Les formes fossiles que je rapporte à ce genre diffèrent un peu de *Myonia concinna*, Ad., que je possède d'Australie, par leur pli placé encore plus en arrière, à peine visible, et par leur fente ombilicale : ces caractères distinctifs ne justifieraient pas la séparation d'un sous-genre, ni même d'une section ; cependant il doit être en-tendu que la diagnose qui précède étant faite d'après le plésiotype fossile, c'est à ce dernier que devra, en tous cas, s'appliquer le nom *Ade-lactæon*, de sorte que si l'on en sépare ultérieure-ment les *Myonia* vivantes, il y aura lieu de leur donner un autre nom, attendu que le genre *Myonia* doit changer de nom pour corriger un double emploi qui a échappé à Adams ; la nouvelle dénomination que je propose rappelle l'incertitude (αδηλος, douteux) que j'ai éprouvée pour le classement de ce genre dans les *Actæonidæ*.

Fig. 35.
Embryon d'*Adelactæon*.

Répart. stratigr.

Miocene........ Plusieurs espèces dans les faluns du Bordelais (*Act. papyraceus*, Bast et *scalariformis*, Ben.) ma coll. ; autre espèce voisine dans l'Allemagne du Nord (*Torn. elata*, von Kœnen) d'après la figure.

Epoque actuelle. Une espèce type du genre, vivant au Japon, non figu-rée, d'après les auteurs ; autre espèce des mers australiennes, envoyée sous le nom *M. concinna*, Ad. (par M. Tate), ma coll.

LIOCARENUS, Harris et Burrows, 1891.

(= *Fortisia*, Bayan, 1870, *non* Rondani, 1861).

Columelle épaisse, faiblement coudée, labre épais, obliquement incliné.

Liocarenus, *s. str.*   Type : *Auricula conovuliformis*, Desh. Eoc.

Forme ovale et globuleuse ; embryon hétérostrophe, dévié en travers, à nucléus empâté dans la spire ; spire très courte, conique, à sutures marginées ; ornementation formée de stries spirales obsolètes, plus visibles sur de jeunes individus : ouverture arquée, étroite, peu élargie, arrondie et presque versante en avant ; labre très épais intérieurement, taillé en biseau sur le bord, non sinueux, obliquement incliné sur l'axe, vers la gauche du côté antérieur ; columelle courte, calleuse, excavée, épaissie au milieu par un renflement qui, sur de jeunes individus, ressemble à un pli rudimentaire, et qui s'oblitère à mesure que la coquille vieillit ; bord columellaire vernissé, se raccordant par une courbe régulière au contour antérieur de l'ouverture qui n'est presque pas sinueux.

Diagnose prise d'après un individu typique de Vaudancourt
(Pl. I, fig. 16-17) ma coll.

Observ. — Se distingue des *Actæon* par l'épaississement et l'obliquité du labre, par absence d'un véritable pli columellaire, même à tout âge, ainsi qu'il résulte d'une section faite suivant l'axe par M. Berthelin ; par son ornementation, enfin par son embryon qui forme un crochet perpendiculaire à l'enroulement, mais qui est peu saillant et dont on n'aperçoit pas le nucléus apical caché par la spire.

Répart. stratigr.

TURONIEN ?......   Un seul fragment dans les grès d'Uchaux, le péristome seul conservé, coll. Chaper.

EOCENE.........   Deux espèces, l'une type du genre, dans le bassin parisien, l'autre dans le Vicentin (*Fort. Hilarionis*, Bayan), d'après la figure.

NUCLEOPSIS, Conrad, 1865.   Type : N. *subvaricatus*, Conr. Eoc.

Forme de *Liocarenus* ; embryon hétérostrophe, peu saillant ; spire et sutures de *Liocarenus* ; ornementation formée de sillons spiraux dont les intervalles portent des filets peu saillants, surtout sur les individus adultes et près des sutures, tandis que, sur la base, les sillons sont ponctués par les stries d'accroissement ; ouverture et columelle de *Liocarenus* ; labre subvariqueux à l'extérieur, ses accroissements successifs produisent, sur la spire

et sur le dernier tour, des varices obsolètes et peu régulières ;
bord columellaire très mince en arrière, un peu épaissi en
avant , se raccordant au contour supérieur comme dans le
genre *Liocarenus*.

Diagnose prise d'après un individu typique de Claiborne
(Pl. I, fig. 18-19) ma coll.

Observ. — Forme très voisine de *Liocarenus*, s'en distingue seulement par son ornementation en demi relief, par ses varices peu apparentes, par son renflement columellaire qui est un peu plus saillant à
tout âge, enfin par le peu d'épaisseur du bord columellaire. Le nom
Nucleopsis a été proposé par Conrad (Catal. Eoc. olig.) en 1865, et cependant dans le « Check list », p. 9 (1866), il cite la même espèce sous le
nom d'*Actæon ;* d'après ce qui précède, on voit que sa première idée
était plus exacte, attendu que *N. subvaricatus* diffère beaucoup des véritables *Actæon*.

Répart. stratigr.
EOCÈNE.......... Une seule espèce type, dans l'Alabama, ma coll.

BULIMACTÆON, Cossm. 1892. Type : *Act. Bernayi*, Cossm. Eoc.

Forme ovale, étroite ; embryon inconnu ; spire un peu allongée, à galbe conoïde, à sutures profondes ; ornementation formée
de stries spirales, irrégulières et obsolètes, assez écartées sur le
dernier tour ; ouverture courte, ovale, un peu versante et arrondie du côté antérieur, rétrécie en arrière ; labre épaissi à l'intérieur, faiblement sinueux, obliquement incliné sur l'axe, vers la
gauche du côté antérieur ; columelle assez épaisse, munie d'un
renflement médian, qui ressemble à un pli faiblement tordu ;
bord columellaire étroit, peu calleux, se raccordant avec une
légère sinuosité au contour supérieur de l'ouverture.

Diagnose refaite d'après le type de Valmondois (Pl. I, fig. 11-12),
coll. Bernay.

Observ. — Se distingue de *Liocarenus*, par la forme générale de la
coquille, par ses sutures non marginées, par son ornementation, par son

ouverture plus courte et plus ovale, par son péristome moins épais; mais les autres caractères génériques, obliquité du labre, indice de pli columellaire, ouverture presque versante à la base, sont semblables à ceux du genre *Liocarenus* et justifient le rapprochement proposé à titre de sous-genre. Se distingue, en outre, de *Nucleopsis* par sa forme plus allongée, par son ornementation bien différente, par l'absence de varices, par son labre plus sinueux et son ouverture plus versante en avant. Quoique les *Bulimactæon* aient à peu près la forme des *Actæon*, ils appartiennent à un groupe tout à fait différent à cause de l'inclinaison du labre.

Répart. stratigr.

EOCENE . . . .   Un seul individu type, dans le bassin de Paris. (coll. Bernay).

ACTÆONINA, d'Orb. 1847.

(= *Orthostoma*, Desl. 1842, *non* Ehrenberg, *non* Andonius, 1834, *non* Conrad, 1838).

Ouverture longue, généralement arrondie et versante en avant; spire étagée en gradins ; columelle calleuse, non plissée; labre sinueux en arrière.

ACTÆONINA, *sensu stricto*.   Type : A. *acuta*, d'Orb. Coral.

Grande taille ; forme étroite et allongée ; embryon ? spire longue, à galbe un peu conoïde, à sutures étagées par une rampe étroite et carénée ; surface lisse, stries d'accroissement presque droites, peu visibles ; ouverture allongée très étroite, presque linéaire en arrière, médiocrement élargie au milieu, atténuée, quoique entière, à son extrémité antérieure ; labre simple aigu, à peine curviligne, presque sans inclinaison ; columelle courte, épaisse, lisse, faisant un angle de 150 degrés à sa jonction avec la base du dernier tour, amincie en avant et infléchie, se terminant en pointe contre le bord supérieur; bord columellaire calleux, largement étalé, se raccordant sans sinuosité, mais avec un angle arrondi, au contour antérieur de l'ouverture.

Diagnose complétée d'après un individu de l'espèce type, de Valfin
(Pl. II, fig. 4) coll. Favre, au Musée de Genève.

Observ. — Se distingue des *Actæon* par sa columelle non plissée, par sa
surface lisse, par sa spire en gradins; des *Liocarenus* par l'inclinaison et
le peu d'épaisseur du labre, par sa columelle moins excavée, dénuée de
renflement, par son ouverture plus étroite, surtout en avant. A défaut
d'indications de la part de d'Orbigny qui a créé le genre *Actæonina* dans
le Prodrome (I, p. 118), les auteurs donnent généralement comme type
A. durmoisiana, d'Orb., qui est synonyme d'*A. acuta*, d'Orb., de sorte que
c'est plutôt ce dernier nom d'espèce qu'il y a lieu de citer comme type du
genre. La restauration de l'extrémité antérieure de l'ouverture est mani-
festement inexacte : on lui attribue généralement une forme arrondie qui
est contraire à la réalité, car l'ouverture se rétrécit au point que certains échantillons paraissent subcanaliculés, ou munis d'un bec à l'instar
des *Ceritella*. Il est vrai que l'on ne rencontre que bien rarement des
exemplaires complets, l'extrémité antérieure est presque toujours mutilée;
mais, en suivant les stries d'accroissement, on peut la reconstituer et
s'assurer qu'elle n'était ni sinueuse, ni échancrée, seulement atténuée
par l'inflexion de la columelle vers le côté du labre.

Répart. stratigr.

BATHONIEN. . . . . . .   Plusieurs espèces, l'une typique en Normandie (*A.*
                         Deslonchampsi, d'Orb.) coll. Deslonchamps; l'autre
                         dont la rampe s'atténue avec l'âge (*A. mitræfor-*
                         mis, Cossm.) coll. Rigaux, Legay.
RAURACIEN. . . . . . .   Une espèce type, dans l'Est de la France, très va-
                         riable dans ses proportions, toutes les coll.
SEQUANIEN. . . . . . .   Variété de la même espèce, même région (*Orthost.*
                         Moreana, Buv.) coll. Moreau.
PORTLANDIEN. . . . .   Une espèce non encore décrite, dans la Seine-Infé-
                         rieure, coll. Boutillier.

STRIACTÆONINA, *nov. sect.*   Type : *Orthost. avena*, Terq. Lias.

Forme ovoïdo-cylindrique; spire assez courte, à galbe conique,
étagée en gradins par une rampe carénée; au-dessus de la carène
est invariablement un profond sillon spiral; surface ornée de
stries spirales, quelquefois apparentes sur le milieu du dernier
tour et toujours sur sa base; ouverture et labre d'*Actæonina*;

Actæonina

columelle arquée, se raccordant par une *S* régulière avec la base de l'avant-dernier tour ; bord columellaire d'*Actæonina*.

Diagnose prise d'après le type d'Hettange (Pl. I, fig. 22) coll. de l'École des Mines.

Observ. — Cette section se distingue des *Actæonina* typiques par sa taille moindre, par ses stries à la base, par son sillon spiral au-dessus de la carène, par sa columelle plus haute, plus régulièrement arquée. Néanmoins, je ne crois pas que les caractères différentiels justifient la séparation d'un genre, ni même d'un sous-genre distinct : le faciès général de ces coquilles est celui d'*Actæonina* en réduction de grandeur; les autres différences, qui portent sur les caractères secondaires, ont seulement une valeur sectionnelle, suffisamment constante pour qu'on ne puisse jamais confondre, avec les *Actæonina* proprement dites, les *Striactæonina* qui ont précédé leur apparition dans la série jurassique.

Répart. stratigr.

HETTANGIEN	Presque exclusivement localisée à la base du lias, et représentée par de nombreuses espèces (*Orth. avena*, Tq. *Buvigneri*, Tq. *Sinemuriensis*, Mart. *decorata*, Mart.), coll. de l'École des Mines, du Musée
et	
SINEMURIEN	de Genève, de la Sorbonne, etc...
BATHONIEN	Une espèce douteuse (*Actæonina sartharcensis*, d'Orb. d'après la figure de la Paléontologie française.

OVACTÆONINA, *nov. ect.* Type : *Act. sparsisulcata*, d'Orb. Lias.

Forme ovale, peu ventrue ; embryon obliquement coudé et dévié; spire longue, à galbe conoïde, à tours convexes, non carénés, à sutures bordées d'une rampe arrondie; surface très finement striée dans le sens spiral, à sillons plus écartés sur la base du dernier et sur la rampe suturale; ouverture courte, rétrécie en arrière, ovale, atténuée et un peu versante en avant; labre arqué, rétrocurrent près de la suture; columelle assez longue, excavée, infléchie à gauche du côté antérieur ; bord columellaire calleux, détaché de la base, et dont la carène extérieure se prolonge en contournant la sinuosité versante du bord supérieur.

Diagnose prise d'après deux individus typiques de Fontaine Etoupefour (Pl. 1, fig. 23-24), coll. Deslongchamps.

Observ. — Cette section se distingue des *Actæonina* typiques par son
ouverture courte, par son labre arqué, par sa columelle plus allongée et
plus excavée, enfin par ses stries basales ; des *Striactæonina* par ses
tours non étagés, dénués de sillon spiral au-dessus de la rampe suturale,
par son ouverture plus versante, et par sa forme générale plus ovale.
Cependant je ne crois pas qu'on puisse élever cette nouvelle coupe au
rang de sous-genre distinct ; les caractères que
je viens d'énumérer n'ont, comme ceux des *Striactæonina*, qu'une importance secondaire, aussi
je me borne à la proposer comme section démem-
brée du groupe principal. J'ai observé l'embryon
sur un individu type dont le sommet est en excel-

Fig. 36.

lent état (fig. 36), coll. Deslongchamps : c'est une crosse un peu saillante dont le nucléus est enroulé autour d'un axe à plus de 90 degrés
avec celui de la coquille, et est un peu empâté dans la spire.

Répart. stratigr.

Sinémurien . . . . . Une espèce inédite à Drevain, coll. Pellat ; sera décrite dans la Revision de la Paléont. française.

Charmouthien . . . Plusieurs espèces parmi lesquelles le type, coll. Des-
lonchamps.

Bajocien . . . . Une espèce inédite à Nancy, coll. Gaiffe ; sera décrite
dans la Revision de la Paléont. française.

Bathonien . . . . . . Plusieurs espèces (*Act. æquipartita*), Cossm ; *lorie-
reana*, d'Orb. coll. Rigaux) Legay.

Oxfordien . . . . . . Une espèce probable (*Act. Sabaudiana* d'Orb.) d'après
la figure de la Paléont. franç.

Séquanien . . . . . . Une espèce caractéristique (*Act. Pilleti*, de Lor.) coll.
Pellat, Rigaux.

Portlandien . . . . Une espèce certaine (*Ov. hypermeces*, Cossm. = *Act.
exilis*, de Lor. *non* Jeffr.) coll. Pellat, Rigaux.

Néocomien . . . . . . Une espèce probable (*Act. dupiniana*, d'Orb., d'après
la figure de la Paléont.

Barrémien . . . . . . Une espèce nouvelle des calcaires d'Orgon, *O. urgonensis*, nob. (Pl. VI, fig. 25) coll. Boutillier.

Albien . . . . Une espèce très probable dans le Gault de Cosne (*Act.
unisulcata*, de Lor.), d'après la figure donnée par
l'auteur.

Cénomanien . . . . . Deux espèces probables à Blackdown et à Bracquegnies (*Phasianella Sowerbyi*, d'Orb., et *formosa*,
Sow.) d'après les figures de Briart.

Actæonina

TURONIEN ....   Deux espèces dans le Crétacé de l'Inde (*Act. obesa* et
    et   *columnaris*, Stol.) indiquées par Stoliczka comme
SENONIEN ....   dénuées de plis columellaires.

CYLINDROBULLINA, v. Ammon, 1878.

Type : *Actæonina fragilis*, Dunker, Lias.

Forme ovale ; embryon hétérostrophe, obliquement dévié, à
nucléus aplati ; spire courte, à galbe conique, à sutures étagées
par une rampe plus ou moins aplatie ; surface lisse, stries d'accroissement curvilignes, peu visibles ; ouverture d'*Actæonina* ;
labre mince, curviligne, à peine incliné en arrière du côté antérieur, avec une sinuosité rétrocurrente près de la suture, correspondant à la rampe spirale, quand celle-ci existe ; columelle peu
arquée, calleuse, portant un imperceptible renflement qui s'atténue
en avant, dans l'évasement versant de l'ouverture ; bord columellaire très mince en arrière, un peu détaché en avant, limité du
côté de la base par une carène qui contourne la sinuosité du
bord supérieur.

Diagnose refaite d'après un individu typique d'Halberstadt
(Pl. II, fig. 1) coll. de l'Ecole des Mines.

Observ. — Ce sous-genre se distingue des *Actæonina* proprement dites
par sa forme généralement moins allongée, par son labre dont le contour
est convexe au milieu et sinueux postérieurement, par sa columelle plus
faiblement excavée, par son ouverture plus arrondie en avant. Sa surface
toujours lisse ne permet pas de le confondre avec les *Striactæonina* ni
avec les *Ovactæonina*, malgré l'analogie de leur forme extérieure. Quant
à l'embryon, aucun des individus que j'ai examinés ne m'a permis d'en
étudier la forme, mais Koken en donne une excellente figure (Entwickelung
der Gastrop., p. 430, fig. 19) pour *Actæonina scalaris*, qu'il rapporte au
genre *Cylindrobullina*, actuellement le plus ancien des *Opisthobranchiata*.

Répart. stratigr.
CARBONIFERIEN ...   Deux espèces, l'une de Visé, ressemblant à un *Conac-*
                               tæon, mais plus ovale (*Scalites carbonarius*, de Kon).
                               coll. Destinez, l'autre de Tournai (*Scalites fusifor-*
                               mis, de Kon.) coll. du Musée de Lille.

Actæonina

TYROLIEN . . . .   Une espèce à St. Cassian (*Act. scalaris*, Munst. = *A.*
                         abbreviata et *alpina*, Klipst.) d'après les figures,
                         embryons grossis par Koken et par Kittl.

RHETIEN . . . .   Une espèce dans la dolomie du Tyrol et les couches bi-
                         tumineuses d'Angleterre (*Act. elongata*, Moore),
                         d'après la figure donnée par von Ammon.

SINEMURIEN. . . . . .   L'espèce type, à la base du Lias (*Act. fragilis*, Dun-
                         ker), coll. de l'Ecole des Mines.

CHARMOUTHIEN . . .   Deux espèces citées dans les couches de Ratisbonne-
                         et de Bayreuth, von Ammon.

BAJOCIEN. . . . .   Une espèce inédite, à Nancy, coll. de la Sorbonne ;
                         sera décrite dans la Rev. de la Pal. française.

BATHONIEN . . . . . .   Plusieurs espèces caractéristiques (*Act. scarburgensis*,
                         M. L., *Beaugrandi*, R. S. etc.), coll. Rigaux et Le-
                         gay.

OXFORDIEN . . . . . .   Une espèce de Neuvizi, coll. Péron ; sera décrite
                         dans la Rev. de la Paléont. française.

RAURACIEN. . . . . . .   Une espèce certaine dans l'Oolite corallienne (*Orthost.*
                         Humbertina, Buv.) coll. Moreau.

KIMERIDGIEN. . . . .   Une espèce douteuse (*Orthost. Mariæ*, Buv. = *Act.*
                         cincta ou *nuda*, Cont.) coll. du Musée de Mont-
                         béliard.

PORTLANDIEN . . . .   Plusieurs espèces certaines dans le Boulonnais (*Act.*
                         cylindracea, Cornuel, et *Cyl. portlandica*, Cossm. =
                         Act. Buvignieri, de Lor. *non* Terquem) coll. Pellat,
                         Rigaux, Legay.

CONACTÆON, Meek, 1863. Type : *Conus cadomensis*, Desl. Lias.

Forme conique ; embryon ? spire de *Cylindrobullina*, à tours
étagés par une rampe limitée par une carène crénelée ; surface
lisse, seulement plissée par quelques accroissements irréguliers ;
ouverture très étroite, à bords parallèles ; labre un peu arqué,
faiblement échancré sur la rampe suturale ; columelle de *Cylin-*
drobullina.

Diagnose refaite d'après des échantillons typiques de Fontaine-
Etoupefour (Pl. II, fig. 5-6), coll. Deslongchamps.

Observ. — Cette section se distingue surtout par sa forme régulièrement
conique et son ouverture très étroite ; sa spire est plus étagée que celle

des *Cylindrobullina* proprement dites, et la rampe de la suture correspond
à une échancrure moins sinueuse du labre ; mais, comme presque tous les
autres caractères sont voisins, je ne puis l'admettre que comme section du sous-genre *Cylindrobullina*. D'Orbigny a démontré que les tours
des *Conactæon* ne se résorbent pas à l'intérieur comme ceux des *Conus*.
Quant à *Conus tuberculatus*, Duj. de la Craie de Touraine, indiqué par
P. Fischer comme pouvant être rapproché des *Conactæon*, ne fût-ce qu'à
cause de son ornementation, je ne suis pas d'avis d'admettre ce rapprochement.

Répart. stratigr.
CHARMOUTHIEN...   Une espèce, type de la section, avec plusieurs varié-
                   tés, coll. Deslongchamps.

EUCONACTÆON, Meek, 1863.   Type : *Conus concavus*, Desl. Lias.

Forme conique ou extra-conique ; embryon à nucléus un peu
saillant ; spire plane, ou même excavée, à tours embrassants, à
sutures peu profondes et bordées par un sillon spiral ; dernier
tour formant toute la hauteur de la coquille, à surface lisse ou
sillonnée dans le sens spiral ; ouverture très étroite, à bords parallèles ; labre peu arqué, échancré en arrière ; columelle de *Cylindrobullina ;* bord columellaire assez large, non détaché.

Diagnose refaite d'après des individus typiques de Fontaine-
Etoupefour (Pl. II, fig. 7-8) coll. Deslongchamps.

Observ. — Cette section ne se distingue des *Conactæon* que par la forme
de la spire. On se demande si une aussi faible différence mérite la création d'une coupe distincte ; cependant je n'ai pas supprimé le nom
Euconactæon, parce que je n'ai remarqué aucune tendance au passage graduel de l'une de ces formes à l'autre, et qu'il est impossible de les con
fondre ensemble, à cause de leur aspect extérieur.

Répart. stratigr.
SINEMURIEN......   Une espèce dans l'Est de la France (*Orthostoma
                   maubertense, Terq.*) d'après la figure donnée par
                   l'auteur.
CHARMOUTHIEN...   Trois espèces dans les mêmes gisements de Norman-
                   die (*Conus concavus, abbreviatus* et *Caumonti*, Desl.)
                   coll. Deslongchamps.

GONIOCYLINDRITES, Meek, 1863.
          Type : *Cylindrites brevis,* Morr. et Lyc. Bath.

Forme courte, subcylindrique; embryon peu saillant; spire
plane, à sutures profondes; dernier tour formant toute la hauteur de la coquille, tronqué et caréné à la périphérie du plan de
la spire ; surface lisse, stries d'accroissement presque verticales,
crénelant souvent la carène inférieure, traçant sur les tours de
spire un crochet antécurrent ; ouverture étroite en arrière, ovale
et arrondie en avant ; labre mince à peine curviligne, échancré
entre la carène et la suture ; columelle peu arquée, sans aucune
apparence de pli, ni de renflement; bord columellaire peu calleux
en arrière, se détachant en avant et découvrant une petite fente
ombilicale, puis se raccordant, par une courbe régulière, avec
le contour supérieur de l'ouverture.

Diagnose prise sur un individu typique du Boulonnais
(Pl. II, fig. 2-3), coll. Rigaux.

Observ. — C'est à tort que les *Goniocylindrites* ont été rapprochés des
Cylindrites : l'absence de pli columellaire, la forme de l'extrémité antérieure de leur ouverture, l'inclinaison de leur labre ne permettent pas de
les classer dans le même groupe d'*Actæonidæ;* ils se distinguent des
Actæonina, non seulement par leur forme tronquée, mais encore par leur
ouverture plus arrondie en avant, par leur fente ombilicale et par leur
labre antécurrent près de la suture ; des *Cylindrobullina*, par leur columelle dénuée de renflement, par leur fente ombilicale, par leur labre plus
rectiligne au milieu, antécurrent près de la suture ; des *Euconactæon*
par les mêmes caractères et, en outre, par leur forme beaucoup moins
conique, par l'absence de sillon spiral près de la suture ; des *Trochactæonina*, qui ont presque la même forme, par leur columelle sans pli et par
leur spire plane, sans saillie. Dans ces conditions, il paraît légitime d'admettre *Goniocylindrites* comme sous-genre d'*Actæonina*.

Répart. stratigr.
BATHONIEN . . . . . . Une espèce type du sous-genre, en France et en An-
                    gleterre, coll. Rigaux et Legay.
RAURACIEN . . . . . . Une espèce bien caractérisée, dans la Meuse (*Orthost.
                    conulus,* Buv.), coll. Moreau.

5

Actæonina

Kɪᴍᴇʀɪᴅɢɪᴇɴ .... Une espèce certaine dans le Boulonnais (*Act. Morini*, de Lor.), coll. Pellat.

Pᴏʀᴛʟᴀɴᴅɪᴇɴ..... Une espèce de la Meuse décrite comme *Bulla truncatula*, Buv., d'après la figure.

Tʀᴏᴄʜᴀᴄᴛᴁᴏɴɪɴᴀ, Meek, 1863. Type : *A. ventricosa*, d'Orb. Kim.

Forme ventrue, ovoïdo-conique ; embryon ? spire très courte, à galbe extra-conique, à sutures bordées d'une rampe un peu excavée ; dernier tour lisse, formant presque toute la coquille, élargi et arrondi en arrière, atténué à la base ; ouverture peu étroite du côté postérieur, peu dilatée, arrondie et versante en avant ; labre presque vertical, non sinueux en arrière, se raccordant à peu près normalement à l'avant-dernier tour ; columelle à peine excavée, munie, plus haut que le milieu, d'un renflement pliciforme dont le prolongement se confond avec la limite extérieure du bord columellaire et se joint ensuite au contour du bord supérieur.

Diagnose prise d'après un plésiotype du Corallien de Cordebugles,
Tr. Bigoti. nob. (Pl. VI, fig. 17) coll. Boutillier.

Observ. — Le type de ce sous-genre est une coquille du Kiméridgien, que d'Orbigny ne connaissait qu'à l'état de moule et qu'il n'a figurée que du côté du dos ; c'est une témérité, de la part de Meek, d'avoir attribué un nom générique à un tel modèle ; cependant cet auteur a été merveilleusement guidé par son instinct, car avec de meilleurs matériaux j'arrive à la conclusion que cette coupe *Trochactæonina* est nécessaire et doit être conservée. Outre *Act. ventricosa*, dont je connais un seul échantillon en médiocre état, provenant du Boulonnais (coll. Pellat) et assimilé au type par M. de Loriol, j'ai étudié de petits individus du Corallien de Normandie, que je n'hésite pas à considérer comme des plésiotypes certains de ce sous-genre ; ils en ont exactement le galbe, mais leur ouverture, aussi intacte que celle d'une coquille tertiaire, porte un pli qui s'atténue peut-être avec l'âge, et qui a beaucoup d'analogie avec celui des *Douvilleia*, quoiqu'il soit placé plus en avant ; le labre peu incliné n'est pas plus sinueux que celui des *Douvilleia*, le bord columellaire est également bien caréné, de sorte qu'à part la disposition de la spire un peu différente, on peut admettre que les *Trochactæonina* sont les ancêtres des

Actæonina

Douvilleia, ce qui les écarte sensiblement des *Actæonina* et des *Cylindro-bullina*, dont on les rapprochait jusqu'à présent.

Répart. stratigr.	
BATHONIEN	Une espèce de grande taille, dans l'Aisne (*Cassis esparcyensis*, d'Arch.), coll. Piette, et une petite coquille de la Sarthe, rapportée à tort au Bajocien (*Act. Davoustana*, d'Orb.), d'après la figure de la Paléont. française.
RAURACIEN	Plusieurs espèces inédites de petite taille (*Trochac-tæonina Bigoti*), etc., seront décrites dans la Revis. de la Paléont. française.
SEQUANIEN	Une espèce à peu près certaine, dans la Meuse (*Tornat. virdunensis*, Buv.) d'après la figure donnée par l'auteur.
KIMERIDGIEN.....	Une espèce type, de grande taille, dans l'argile de Villerville, d'après la Paléont. française.
PORTLANDIEN.....	La même espèce, ou assimilée, quoique à un niveau plus élevé, dans le Boulonnais, coll. Pellat.

DOUVILLEIA, Bayle, 1883.   Type : *Buccin. arenarium*, Mell. Eoc.

Forme ovale ; embryon hétérostrophe, à nucléus très saillant et fortement tordu ; spire de *Cylindrobullina*, assez courte ; surface lisse, à stries d'accroissement presque droites, souvent saillantes et presque costulées vers la carène inférieure des jeunes individus ; ouverture de *Cylindrobullina*, versante du côté antérieur ; labre mince, à peu près vertical, à peine sinueux sur la rampe suturale ; columelle épaisse, peu arquée, portant, quand la coquille est jeune, un pli transverse et saillant, qui s'oblitère à mesure que vieillit la coquille et se transforme enfin en un renflement obsolète, bord columellaire de *Gonio-cylindrites*, recouvrant imparfaitement la fente ombilicale dans les jeunes individus, la base porte autour de cette fente un bourrelet rudimentaire qui n'est limité par aucun sillon.

Diagnose refaite d'après des individus typiques de Jonchery : l'un jeune, montrant le pli columellaire (Pl. III, fig. 1), ma coll. ; l'autre adulte, avec la columelle seulement renflée (Pl. II, fig. 10), coll. Bourdot.

Observ. — Ce sous-genre se distingue des *Actæonina* par sa forme et par sa columelle ; des *Cylindrobullina* par son pli columellaire mieux indiqué, par son labre dont le contour n'est pas arrondi au milieu, ni échancré au-dessus de la suture ; des *Goniocylindrites* par les mêmes caractères, et en outre par sa spire non tronquée, par sa columelle plus excavée ; des *Trochactæonina* par la forme générale et par la fente ombilicale de la base, surtout sur les jeunes individus. On voit, d'après ce qui précède, que la séparation de ce sous-genre est justifiée ; cependant, si l'on constatait que la columelle des *Trochactæonina* subit, selon l'âge des individus, les mêmes transformations que celle des *Douvilleia*, il est évident que les seules différences de forme extérieure ne mériteraient pas qu'on plaçât ces deux coupes sur le même rang, et, dans ces conditions, *Douvilleia* ne devrait être alors qu'une simple section de *Trochactæonina*.

Répart. stratigr.

PALEOCENE ...... Une seule espèce à la base du Tertiaire parisien.

GLOBICONCHA, d'Orb., 1842. Type : G. *rotundata*, d'Orb, Cénom.

Forme presque sphérique ; embryon? spire courte, ou même involvée? sutures subcanaliculées ; dernier tour embrassant, à surface lisse ; ouverture arquée, étroite en arrière, peu dilatée, arrondie et versante en avant : columelle lisse, très courte, à bord mince se prolongeant par une carène qui circonscrit l'évasement de l'ouverture.

Diagnose prise d'après l'espèce typique (Pl. II, fig. 9) coll. de l'Ecole des Mines.

Observ. — Ce sous-genre se distingue de ceux du même groupe par sa forme plus arrondie et par son ouverture arquée ; la columelle paraît dénuée de pli ou de renflement, autant qu'on peut en juger dans l'état de conservation des individus étudiés jusqu'à présent. Stoliczka propose d'éliminer cette coupe, par le motif que d'Orbigny y a classé les formes les plus hétérogènes ; comme le type (*G. rotundata*) est une coquille qu'il est

Actæonina

impossible de rapporter à aucun autre sous-genre d'*Actæonidæ*, je ne vois pas de raison pour ne pas admettre *Globiconcha*.

Répart. stratigr.
Cenomanien . . . . .   Une espèce type dans l'Ouest de la France.
Senonien . . . .   Une espèce très incertaine, à spire involvée (*G. mar-rotiana*, d'Orb.) d'après la figure de la Paléont. française ; mais M. Arnaud (*in litt.*) pense que c'est un *Strombus* dont le canal a disparu et qui est fréquent dans la Craie des Charentes.

Blancia, Bourg. 1875.   Type : *B. maceana*, Bourg. Tur.

Forme ovoïdo-conique ; spire involvée ; dernier tour acuminé en arrière, ovale et arrondi à la base ; surface à peu près lisse, striée par les accroissements ; ouverture étroite, à bords presque parallèles, faiblement dilatée et un peu versante à la base ; labre mince, à peu près droit, si l'on en juge par les stries d'accroissement ; columelle lisse, très courte, excavée ; bord columellaire calleux, peu étalé, se prolongeant à la base par une carène qui se raccorde au contour supérieur.

Diagnose refaite d'après les figures du t. V. des Mém. de la Soc. des Sc. nat. de Cannes, 1875 ; reproduction de ces figures (Pl. VII, fig. 7-8) d'après un dessin fourni par M. de Loriol.

Observ. — Ce sous-genre a tout à fait la forme générale d'une *Actæonella ;* mais l'auteur affirmant qu'il n'y a pas de trace de plis à la columelle, à moins de supposer qu'il ait fait une restauration complètement inexacte de l'ouverture, je suis obligé de rapprocher *Blancia* de *Globiconcha*, malgré la différence apparente de la forme générale de la coquille, et en me fondant surtout sur la ressemblance de la partie antérieure de l'ouverture. Quant au labre que la figure indique comme incurvé en spirale rétrocurrente, du côté postérieur, cette disposition est évidemment due à une mutilation de l'ouverture ; les stries que portent les fragments de test, encore adhérents au dernier tour, indiquent au contraire un labre presque vertical, comme celui des *Globiconcha*.

Répart. stratigr.
Turonien . . . .   Une espèce, dans la Craie chloritée de Vence.

 ESSAIS DE

CYLINDRITES, Morr. et Lyc. 1848.

(= CYLINDRITES, J. Sow. 1824, *non* d'Argenv. 1757).

Coquille subcylindrique, columelle infléchie en avant; bord columellaire calleux, avec un et quelquefois deux plis médians. CYLINDRITES, *sensu stricto.* Type *Actæon acutus*, Sow. Bath.

Forme ovale, subcylindrique, allongée; embryon? spire très courte, tantôt saillante, à galbe extra-conique et à sutures étagées par une rampe étroite, tantôt excavée avec un bouton mammillé au sommet; dernier tour embrassant, très grand, formant quelquefois toute la coquille, à surface lisse, à stries d'accroissement obliques et sinueuses en arrière; ouverture très étroite, presque linéaire, à peine un peu plus large en avant, paraissant canaliculée quand elle est incomplète, mais néanmoins entière, arrondie et un peu versante à la base; labre très mince, très obliquement incliné sur l'axe, à droite du côté antérieur, à contour curviligne, échancré vers la suture par une sinuosité rétrocurrente qui correspond à la rampe spirale; bande columellaire calleuse, s'enroulant à la moitié ou au tiers supérieur de l'ouverture, portant à tout âge un pli médian, peu saillant, souvent obsolète, dont le prolongement se joint au contour caréné de cette bande columellaire; columelle obliquement coudée en avant, terminée en pointe amincie à sa jonction avec le bord antérieur, dont le contour légèrement sinueux est circonscrit par l'extrémité de l'arête limitant le bord columellaire.

Diagnose refaite d'après un individu typique (Pl. II, fig. 17) coll. Legay, et pour l'ouverture, d'après un individu complet de *C. cylindricus* (Pl. II, fig. 15-16) coll. Rigaux.

Observ. — Ce genre se distingue des *Actæonina* par sa bande columellaire munie d'un pli médian, par le contour échancré de son ouverture,

par son labre oblique et sinueux près de la suture, enfin par sa columelle
infléchie dans une direction opposée. Je n'ai pas cru devoir diviser les
Cylindrites proprement dits en deux groupes, selon que la spire est saillante ou excavée, parce que l'on observe tous les passages d'une forme à
l'autre. En ce qui concerne la dénomination *Cylindrites*, elle a été mentionnée dès 1824, par Sow. (Min. Conch., pl. 435, fig. 1), mais il n'a pas cru
devoir l'adopter ; enfin le nom de d'Argenville, emprunté à Luidius, doit
être rejeté comme antérieur à la nomenclature linnéenne.

Répart. stratigr.

CHARMOUTHIEN...   Une espèce douteuse, en Angleterre (*C. Wilsoni, nob.*
     $=$ *C. æqualis*, Wilson, *non* Terq.) d'après la figure
     donnée par Wilson.

BAJOCIEN.........   Plusieurs espèces en Angleterre (*C. mamillaris, tabu-
     latus, turriculatus*, Lyc.), d'après les figures.

BATHONIEN.......   Nombreuses espèces (*C. acutus* et *cuspidatus*, Sow.
     altus, Morr et Lyc. *gradatus* et *conopsis*, Cossm.
     æqualis, Terq., etc.) coll. Legay, Rigaux, de l'Ecole
     des Mines, ma coll., etc...

RAURACIEN ......   Une espèce douteuse à Valfin (*C. Etalloni*, de Lor.) ;
     une autre certaine dans le Jura bernois (*C. mitis*,
     de Lor.) d'après les figures des Mém. de la Soc.
     paléont. Suisse.

VOLVOCYLINDRITES, *nov. sect.*

Type: *Volvula marcousana*, Guir. et Ogér. Séq.

Forme cylindrique, étroite ; spire complètement involvée, dernier tour formant toute la coquille ; surface lisse, stries d'accroissement peu visibles, droites ; ouverture de *Cylindrites ;* labre
mince, à peu près vertical ; columelle très courte ; bande columellaire et pli de *Cylindrites*.

Diagnose faite d'après un individu typique de Valfin
(Pl. II, fig. 18-19) coll. du Musée de Genève.

Observ. — Cette section se distingue des *Cylindrites* proprement dits
par sa spire involvée, par son labre rectiligne et vertical : ces caractères
ne justifieraient pas la création d'un sous-genre. Il ne paraît pas admissible de rattacher cette forme aux *Volvulella* tertiaires, qui ont aussi leur

Cylindrites

spire involvée, mais dont la forme est ovoconique, ombiliquée aux deux extrémités, qui ont la surface striée, la columelle mince, non plissée, etc.

Répart. stratigr.

SEQUANIEN ...... et KIMERIDGIEN.....	Une seule espèce, type de la section, dans la plupart des gisements de l'Est de la France et de la Suisse; très répandue dans les collections.
NEOCOMIEN	Une espèce paraissant dénuée des plis columellaires des *Actæonella*, mais encore peu certaine, les types ayant l'ouverture incomplètement dégagée (*Volvula dactylus*, Pict. et Camp.) coll. du Musée de Genève.

PTYCHOCYLINDRITES, *nov. subgen.*

Type : Bulla Condati, Guir. et Ogér. Kim.

Forme de *Cylindrites ;* embryon? spire excavée, avec un bouton mammillé au centre ; tours étroits, à sutures profondes et faiblement crénelées par les accroissements ; dernier tour formant toute la hauteur, à surface lisse, à stries d'accroissement droites, non sinueuses en arrière, caréné et crénelé à la périphérie de l'excavation de la spire ; ouverture étroite, à bords parallèles ; columelle courte, formant presque sans inflexion le prolongement du contour interne de l'avant-dernier tour ; labre mince, un peu arqué et proéminent en avant, faiblement creusé et sinueux du côté postérieur, aboutissant normalement à la suture ; bord columellaire mince, un peu étalé, biplissé à l'intérieur de l'ouverture ; pli inférieur lamelleux et transversal, bourrelet supérieur à peu près parallèle à ce pli et contournant l'échancrure antérieure de l'ouverture.

Diagnose faite d'après des individus typiques d'Oyonnax (Pl. III, fig. 4-5) coll. Pellat, et de Valfin (Pl. III, fig. 6), coll. de l'École des Mines.

Observ. — Ce sous-genre se distingue des *Cylindrites* par sa columelle biplissée (quoique la lamelle inférieure ne soit pas visible lorsque l'ouverture est intacte), par ses stries d'accroissement moins arquées, excavées même en arrière, dénuées de sinuosité rétrocurrente au-delà des crénelures orthogonales qu'elles produisent sur la carène inférieure. Il établit une transition entre les *Cylindrites* et les *Actæonella*, mais il se rapproche plus des premiers que de celles-ci, qui ont l'ouverture beaucoup plus versante, le bord columellaire plus calleux, triplissé. Rien de commun d'ailleurs avec les *Bullidæ*.

Répart. stratigr.
K*imeridgien*..... Une seule espèce, type du sous-genre, dans l'Est de la France et en Suisse, la plupart des collections.

ACTÆONELLA, d'Orb. 1842.

Ouverture versante, labre échancrée en arrière, columelle à trois plis.

A*ctæonella*, *sensu stricto*. Type : *Actæonella lævis*, d'Orb. Tur.

(= *Volvulina*, Stol. 1868 = *Proteobulla*, de Greg. 1882)

Forme ovoconique, ou subcylindrique, plus étroite en arrière qu'en avant ; spire complètement involvée ; dernier tour formant toute la coquille, lisse ; ouverture à bords parallèles, à peine dilatée et étroitement échancrée par une sinuosité versante du côté antérieur ; labre mince, presque droit sur toute sa longueur, un peu renversé à gauche de l'axe vers le contour supérieur ; columelle courte, peu arquée, munie de trois plis presque horizontaux, décroissant d'arrière en avant ; bord columellaire se prolongeant autour de l'échancrure sinueuse du contour supérieur de l'ouverture, par un bourrelet peu saillant.

Diagnose refaite d'après un individu typique d'Uchaux (Pl. II, fig. 14) coll. du Musée de Dijon ; autre individu de la Craie des Charentes (Pl. II, fig. 13) coll. Arnaud.

Observ. — D'Orbigny n'a pas indiqué quelle espèce il prenait pour type de ce genre, mais Meek a désigné, en 1863, *A. lævis* comme type et a proposé pour la première espèce décrite par d'Orbigny, qui a la spire saillante, le nom *Trochactæon* malheureusement trop voisin de *Trochac-*

Actæonella

tæonina. Plus tard, en 1868, Stoliczka (Sitz. Acad. Wien, LII), ignorant
cette désignation, a proposé *Volvulina* pour *A. lævis;* mais il a retiré,
en 1868 (Pal. cret. Ind.), cette dénomination qui eût été bien préférable.
Les lois de la priorité nous obligent à suivre cet exemple, tout en regret-
tant qu'il faille en revenir aux noms de Meek. Toutefois le type de ce genre
est la coquille d'Uchaux, dénommée *A. lævis*, par d'Orbigny, et non celle
de Gosau, que Zekelia identifiée à tort avec l'espèce française, exemple qui
paraît avoir été imité par tous les auteurs qui ont suivi ; or la coquille de
Gosau est tout à fait différente de la nôtre : quoique l'une et l'autre soient
assez variables dans leurs proportions, on ne peut admettre que ce soit la
même espèce ; aussi je propose pour celle de Gosau un nom nouveau
A. terebellum, nob. (Pl. II, fig. 20) coll. du Musée de Dijon. — Voir l'annexe.

   Quant au genre *Proteobulla* (*P. prima*, de Greg. Foss. de Pachino) il a
été proposé pour un simple moule interne de *Volvulina :* la figure donnée
par l'auteur est identique aux moules d'*A. lævis* de la Craie des Charentes
que j'ai sous les yeux ; ce nom doit donc être rayé de la nomenclature.

Répart. stratigr.

Turonien . . . .   Plusieurs espèces, soit à Uchaux (*A. lævis*, d'Orb.),
                         soit à Gosau (*A. terebellum*, nob.); ma coll., coll.
                         Arnaud, etc...

Senonien . . . .   Plusieurs espèces différentes du type, dans la Craie des
                         Charentes (*A. crassa*, d'Orb.; *A. involuta*, Coq.)
                         coll. Arnaud.

Trochactæon, Meek, 1863.   Type : *Act. renauxiana*, d'Orb. Tur.
                  (= *Spiractæon*, Meek, 1863).

Forme ovale, plus ou moins allongée : embryon ? Spire à tours
nombreux, étroits, embrassants, à galbe généralement extra-
conique ; sutures peu profondes, bordées par une étroite rampe
spirale ; dernier tour bien plus grand que la spire, lisse, conique-
ment atténué du côté antérieur, labre, mince, généralement mutilé, dont le contour, indiqué par les stries d'accroissement, est
faiblement arqué au milieu, très échancré en arrière vers la rampe
suturale ; columelle courte, peu arquée, s'implantant presque sans
inflexion sur la base du dernier tour ; bord columellaire mince
et étalé en arrière, épais et calleux en avant, traversé transversalement par une bande qui porte trois gros plis enroulés presque

horizontalement, décroissant d'arrière en avant; le pli inférieur, d'abord distinct du contour caréné de la bande, se confond ensuite avec elle, contourne l'évasement très ouvert du bord supérieur.

Diagnose complétée d'après les figures de Zekeli, et d'après une espèce nouvelle de la Craie des Charentes, *Actæonella Arnaudi*, Cossm. (Pl. III, fig. 2-3) coll. Arnaud. — Voir l'annexe.

Observ. — Ayant admis, d'après l'interprétation de Meek, que le type du genre *Actæonella* est *A. lævis*, c'est-à-dire une coquille à spire complètement involvée, il est légitime d'en séparer, comme sous-genre distinct, les formes à spire apparente, qui ont d'ailleurs l'ouverture plus largement évasée en avant, et le labre profondément échancré près de la suture : les autres caractères sont presque identiques. Quant à la section *Spiractæon*, proposée par Meek pour les formes à spire plus allongée et plus conique que celle d'*A. renauxiana*, elle ne me paraît pas utile à conserver : il y a, particulièrement dans le gisement de Gosau, une série d'espèces qui relient graduellement *A. renauxiana* (type de *Trochactæon*) à *A. conica* (type de *Spiractæon*) et qui ont l'ouverture identique ; ce serait donc excessif d'attribuer à ce seul caractère de l'allongement de la spire, suffisant pour distinguer les espèces entre elles, la valeur même d'une section.

Répart. stratigr.

BARREMIEN........ Une espèce nouvelle et bien caractérisée à Orgon (*A. Boutillieri*, nob. Pl. VI, f. 18-19) coll. Boutillier. — Voir l'annexe.

CENOMANIEN..... Une espèce dans la meule de Bracquegnies (*A. belgica*, nob. = *A. conica*, Br. et Corn. *non* Zekeli) changée de nom pour double emploi ; coll. Bourdot et du Musée de Lille.

TURONIEN .... Outre le type d'Uchaux, ma coll., nombreuses espèces dans le gisement de Gosau (*A. conica*, *voluta*, *elliptica*, Zekeli, etc...), d'après les figures données par l'auteur.

SENONIEN........ Plusieurs espèces, soit au Beausset (*A. gigantea*), coll. Michalet, soit dans les Charentes (*A. Arnaudi*, Cossm.) coll. Arnaud, soit à Gosau (*A. obtusa*), d'après les figures de Zekeli.

? CYLINDRITELLA, White, 1887.   Type : C. *truncata*, White. Crét.

Forme subcylindrique; spire courte, à tours embrassants, peu convexes, à sutures peu visibles; dernier tour formant la plus grande partie de la hauteur de la coquille, probablement lisse; ouverture d'*Actæonella;* labre à contour inconnu; columelle arquée vers la gauche en avant et munie d'une série de trois ou quatre plis anguleux, décroissant d'avant en arrière, le premier en haut plus oblique, formant presque un canal avec le bord opposé, le dernier en bas presque transversal; bord columellaire épais et même calleux en arrière, à sa jonction avec la suture du dernier tour, se terminant en avant?

Diagnose d'après White (Contr. pal. Brazil); reproduction de la figure (Pl. VII, fig. 16).

Observ. — Cette section douteuse se distingue des *Actæonella* à spire saillante (*Trochactæon*) par sa forme presque cylindrique et par ses plis non parallèles, décroissants; des *Cylindrites* par ses plis columellaires. Il est très difficile de se faire une opinion certaine sur la légitimité de cette séparation, qui a été faite d'après des moules internes ou des contre-empreintes; la disposition toute particulière des plis columellaires aurait une importance suffisante pour justifier la création d'une nouvelle section, si toutefois White n'a pas dénommé comme quatrième pli l'empreinte de la torsion antérieure de la columelle, ce qui arrive par exemple avec les moules internes de *Cylindrites* auxquels on pourrait être tenté d'attribuer deux plis, lorsqu'il n'y en a réellement qu'un seul au milieu de la bande columellaire; s'il en était ainsi, il n'y aurait plus de motif pour séparer les *Cylindritella* des *Trochactæon*, dont quelques-uns ont une forme étroite, à spire courte (Ex. *Act. belgica*, Cossm.) qui est très voisine de celle de la plupart des espèces classées par White dans son nouveau genre. La décroissance des plis, leur obliquité, observées sur des empreintes, peuvent être mises en doute, c'est seulement la certitude de leur nombre qui pourrait faire trancher la question : or White indique lui-même que la columelle porte trois ou quatre plis, ce qui me porte à croire que le quatrième est très hypothétique.

Répart. stratigr.

SENONIEN........ Plusieurs espèces au niveau de Rio Pabas, province
de Para (Brésil), d'après les figures de l'ouvrage de
Ch. White.

TUBIFERIDÆ, *nov. fam.*

Coquille turriculée, lisse ou ornée de plis ou de costules d'accroissement presque droites, obliques, avec une sinuosité rétrocurrente près de la suture; embryon dévié, hétérostrophe; spire
plus ou moins allongée, à tours embrassants, généralement étagés; labre un peu incliné à droite de l'axe du côté antérieur,
entaillé en arrière; ouverture courte, subcanaliculée en avant,
quoique non échancré; columelle droite, sans plis, faisant un angle
à son point d'implantation sur la base de l'avant-dernier tour.

Observ. — Bien que le rapprochement de cette nouvelle famille avec les
Actæonidæ paraissent, au premier abord, un bouleversement inattendu, je
ferai remarquer qu'il était déjà prévu par les auteurs qui ont créé les
genres que je propose de placer dans les *Tubiferidæ*, car ces auteurs
s'accordent à leur attribuer l'aspect actéoniforme, et même plusieurs
espèces ont été décrites comme *Actæonina* ou *Orthostoma*, notamment
par Buvignier et de Loriol. Les caractères qui justifient, en définitive
ce rapprochement naturel, sont les suivants :

1° Forme de l'embryon qui, ainsi que j'ai pu l'étudier avec un fort grossissement sur une espèce du corallien (*Ceritella carinella*, Buv. *Orthostoma*), forme une petite crosse déviée ayant bien la disposition des
nucléus hétérostrophes;

2° Direction des stries ou des côtes d'accroissement qui, tout en étant
moins curvilignes que celles des *Cylindrobullina*, sont obliques et échan-
crées à la suture comme celles des *Cylindrites;*

3° Enroulement des tours qui sont embrassants, de sorte que, comme
cela a lieu dans tous les *Actæonidæ*, l'ouverture est rétrécie en arrière
par le contact presque tangentiel du plan du labre avec la convexité de
l'avant-dernier tour.

A côté de ces rapports, il y a lieu cependant de faire ressortir les différences qui motivent la création d'une famille distincte des *Actæonidæ :*

1° La forme de la columelle, qui est droite, ni plissée, ni tordue, paraissant implantée comme une arête verticale sur la convexité de la base;

2° L'existence d'un canal plus ou moins obturé qui termine l'ouverture, de sorte que le contour supérieur comporte une sorte de bec, ou au moins un angle dont on ne trouve guère l'indice que dans les *Actæonidea ;*

3° La longueur de la spire qui, dans les *Tubiferidæ*, est bien supérieure à celle des *Actæonidæ* les plus allongés, et qui même est parfois turriculée comme celle des *Cerithidæ.*

J'ai choisi pour cette famille un nom qui rappelle celui de l'un des genres tombant en synonymie de *Ceritella*, c'est-à-dire du genre typique : d'abord, il eût été peu rationnel d'admettre une famille *Ceritellidæ* dans les *Opisthobranchiata*, il est déjà regrettable que la dénomination *Ceritella* doive y rester égarée, de par les lois de la priorité ; ensuite, c'est un dédommagement à l'adresse de M. Piette, dont le genre *Tubifer* était bien plus correctement et plus heureusement formé que celui de Morris et Lycett, quoique plus récent.

Cette famille ne comprenant, jusqu'à présent, que le genre *Ceritella* et sa section *Fibula*, il ne paraît pas nécessaire d'en faire l'objet d'un tableau, comme je l'ai fait pour d'autres familles plus nombreuses.

CERITELLA, Morr. et Lyc. 1850.

(= *Tubifer*, Piette, 1856 et 1857, *non* Lamk. Pol. 1816).

Ceritella, *sensu stricto.*   Type : C. *acuta*, Mor. et Lyc. Bath.

Forme en général turriculée, rarement courte ; embryon saillant, dévié, hétérostrophe ; spire égale ou supérieure au dernier tour, à sutures étagées ; dernier tour court, embrassant, à base ovale ; surface presque toujours striée ou costulée par les accroissements ; ouverture peu allongée, subcanaliculée en avant, rétrécie en arrière ; labre oblique, échancré près de la suture ; columelle droite, faisant un angle de 135 à 150° avec la base de l'avant-dernier tour, et un angle d'environ 90° avec le contour supérieur.

Diagnose complétée d'après une espèce voisine du type, C. *Sowerbyi*, Morr. et Lyc., du Boulonnais, coll. Legay ; reproduction du type, d'après la figure de Morr. et Lyc. (Pl. VII, fig. 10) ; autre espèce costulée, C. *conica*, M. et L. (Pl. VI, fig. 4-5) de Hidrequent, coll. Legay.

Observ.— En admettant même que le type du genre *Tubifer* ne soit pas

identique à celui du genre *Ceritella*, le nom proposé par M. Piette n'aurait
pu être conservé, comme faisant double emploi avec une dénomination de
Lamarck.

Observ. — Ainsi que je l'ai fait remarquer à propos du classement de la
famille *Tubiferidæ*, la forme de l'embryon supprime toute
hésitation sur le rapprochement à faire entre les *Ceritella*
et les *Actæonidæ* ; j'ai pu observer cet embryon sur un
individu bien conservé de *C. carinella*, Buv. (fig. 37).

Fig. 37.

Répart. stratigr.

Sinémurien......	Une espèce douteuse à Semur (*Orthostoma exile*, Mart.) d'après un fragment du Musée de Dijon.
Bajocien........	Une espèce en Angleterre (*C. Lindonensis*, Hudl.), d'après Hudleston et Wilson.
Bathonien......	Nombreuses espèces, outre le type dans le Boulonnais, dans l'Aisne, en Angleterre (*Cerithium Petri*, d'Arch. *Actæonina Francqana*, d'Orb.) ma coll. *C. conica* et *Sowerbyi*, M. et L.) coll. Legay et Rigaux.
Rauracien......	Nombreuses espèces dans l'Est et l'Ouest de la France (*Actæonina pupoides*, d'Orb.) coll. du Musée de la Rochelle ; (*Orthostoma rissoides*, Buv.) coll. Moreau ; (*Actæonina plicata*, Zitt. et Goub.) coll. Boutillier.
Séquanien.......	Plusieurs espèces dans l'Est ou le Boulonnais *Orthostoma virdunense*, Buv.) d'après la figure.
Kimeridgien.....	Une espèce dans le Boulonnais (*Actæonina Miche-ioti*, de Lor.) d'après la figure. Plusieurs espèces à Valfin, coll. du Muséum de Lyon.
Portlandien	Plusieurs espèces dans le Boulonnais (*Actæonina dolium*, de Lor.) coll. Legay (*Cerithium Lorteti*, de Lor.) coll. Pellat.

Fibula, Piette, 1857.   Type : F. *undulosa*, Piette, Bath.

Forme turriculée; embryon dévié; spire longue, conique, à
sutures bordées d'une rampe très étroite; dernier tour, embrassant, à base très convexe; surface ornée de plis ou de stries d'accroissement obliques, avec une sinuosité échancrée et rétrocurrente sur la rampe suturale; ouverture très courte, large, subcanaliculée en avant et en arrière; labre dilaté, dont le contour
supérieur, développé en arc de cercle, fait un angle de 60 à 90°
avec le bord opposé ; columelle droite, sans inflexion, faisant un

angle de 110 à 140° avec la base de l'avant-dernier tour, se terminant en pointe légèrement recourbée contre l'angle du contour supérieur, mais le bec ainsi formé se ferme et s'oblitère à mesure que la coquille vieillit; bord columellaire calleux, détaché, recouvrant imparfaitement la fente ombilicale.

Diagnose prise d'après la description et la figure de l'espèce type, reproduite (Pl. VII, f. 12) sur un calque de la figure donnée dans le Bull. de la Soc. géol. de France.

Observ. — J'ai autrefois considéré *Fibula* comme synonyme de *Ceritella* (Contrib. gastr. Bath., 1885, p. 108), en me fondant sur ce que le principal caractère cité par Piette, celui de l'obturation du canal, peut varier d'un individu à l'autre, selon l'âge. Après un nouvel examen de la question, je crois cependant que l'on peut admettre *Fibula*, sinon comme un genre tout à fait distinct, ainsi que l'a fait M. Hudleston dans son mémoire sur les Gastropodes de l'oolithe inférieur, du moins comme une section de *Ceritella*, où l'on classerait les formes turriculées qui n'ont guère l'aspect des *Actæonina* : dans ces conditions, les *Fibula* se distingueraient par leur base plus arrondie, étroitement perforée, par leur bord columellaire plus détaché, par leur canal plus ou moins fermé, enfin par l'angle moins ouvert que fait leur columelle avec la base de l'avant-dernier tour.

Répart. stratigr.

Bajocien........ Deux espèces, dont l'une au moins est certaine, en Angleterre (*F. angustivoluta*, Hudl.) d'après la figure de Palæontograph. Society.

Bathonien ...... Plusieurs espèces, outre le type, dans l'Aisne (*F. nudiformis*, Piette) et en Angleterre (*Cer. phasianoides*, Morr et Lyc.), d'après les figures.

TORNATINIDÆ

Coquille cylindrique ou fusiforme, à spire saillante et courte, rétuse ou concave, ou même involvée ; ouverture très étroite, arrondie et versante ou sinueuse à la base ; columelle souvent plissée ; labre très échancré à la suture.

Tableau des genres, sous-genres et sections

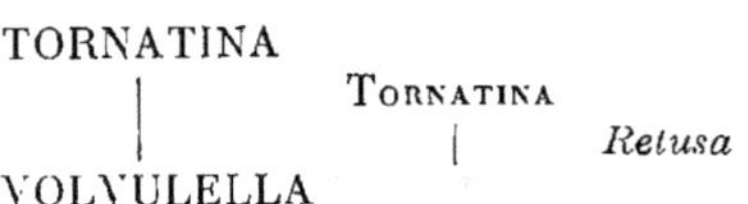

TORNATINA, A. Adams, 1850.

Forme cylindrique, spire non involvée, labre échancré.
TORNATINA, *sensu stricto.*   Type : T. *voluta*, Quoy et G. Viv.

Forme cylindrique, un peu ovale; embryon hétérostrophe, formant une pointe mucronée; spire très courte, plus ou moins étagée, à sutures fortement canaliculées; surface lisse ou très finement sillonnée dans le sens spiral; ouverture très étroite en arrière, parfois contractée au milieu par le labre, versante et obliquement tronquée à la base; labre arqué au milieu, rétrocurrent vers la suture, sur le canal de laquelle il est profondément échancré; bord columellaire calleux, portant un fort pli spiral qui contourne la sinuosité versante du bord supérieur.

Diagnose prise d'après un plésiotype fossile *T. lajonkaireana*, Bast., de Saint-Avit (Pl. III, fig. 26-27) ma coll.

Répart. stratigr.

RAURACIEN . . . . . . Une espèce inédite, à Glos, coll. Boutillier; sera décrite dans la Rev. de la Pal. française.

PORTLANDIEN . . . . Une espèce typique dans le Boulonnais (*T. Oppeli*, de Lor.) Coll. Pellat.

EOCENE . . . . Une espèce typique du calcaire grossier parisien (*Bullina grignonensis*, Desh.) coll. Bezançon; autre espèce douteuse dans l'Alabama (*T. Wetherelli*, Lea) d'après la figure.

OLIGOCENE . . . . . . Deux espèces caractérisées, l'une à Étampes (*Bullina exerta*, Desh.) ma coll., l'autre dans le Vicksburgien des États-Unis (*T. crassiplica*, Conr.) ma coll.

MIOCENE .... Une espèce plésiotype ci-dessus, très commune dans le Bordelais ; autres espèces de Floride (*T. canaliculata*, Say) citées par Dall.

PLIOCENE........ Une espèce certaine de Vaucluse (*T. hemipleura*, Font.) d'après la figure.

EPOQUE ACTUELLE. Environ 40 espèces dans les mers chaudes, d'après le catalogue de Pætel.

RETUSA, Brown, 1827.   Type : *Bulla truncatula*, Brug. Viv.

(= *Utriculus*, Brown, 1827, *non* Schum. = *Coleophysis*, Fischer, 1883, même type.)

Forme cylindrique ; spire tronquée, souvent concave, carénée à la périphérie, mucronée au sommet par le nucléus embryonnaire ; surface lisse ou sillonnée à la base du dernier tour, quelquefois plissée en arrière par les accroissements ; ouverture très étroite, dilatée et échancrée en avant ; labre peu sinueux, infléchi au milieu ; columelle courte, un peu excavée, tronquée en avant, portant en arrière un simulacre de pli, souvent absent.

Diagnose prise d'après l'espèce type, fossile à Cannes (Pl. III, fig. 24-25) ma coll.

Observ. — Conformément à la correction faite par Bucquoy, Dautzenberg et G. Dollfus, il y a lieu de rétablir pour cette section le nom créé par Brown pour le type auquel Adams a attribué la dénomination *Utriculus* déjà employée par Schumacher, tandis que P. Fischer a proposé de lui donner un nom nouveau. Cette section ne se distingue des *Tornatina* proprement dites que par sa spire rétuse, par son galbe plus cylindrique, par son labre à peine arqué, et par sa columelle très faiblement plissée. Néanmoins je ne crois pas que *Retusa* ait même la valeur d'un sous-genre, non seulement à cause du peu d'importance de ces caractères différentiels, dont la plupart ont plutôt une valeur spécifique que générique, mais surtout pour le motif suivant : si le genre *Tornatina* est complètement séparé de *Retusa*, sa descendance dans les temps géologiques présente une lacune importante et peu explicable entre le Portlandien et l'Eocène, tandis qu'en n'admettant les *Retusa* que comme une section qui supplée à la forme principale, dont l'apparition est même plus ancienne, cette lacune se trouve comblée et l'histoire de l'ensemble des *Tornatina* continue presque sans interruption, depuis le Bathonien jusqu'à l'époque actuelle.

Répart. stratigr.

BATHONIEN . . . . . .   Une espèce du Boulonnais inédite et certaine, coll. Rigaux ; sera décrite dans la Rev. de la Paléont. française.

SÉQUANIEN . . . . . .   Deux espèces typiques : l'une dans le Boulonnais et le Hanovre (*Tornatina Sauvayei*, de Lor.), coll. Rigaux, Pellat ; l'autre à Tonnerre (*T. Munieri*, de Lor.) coll. de la Sorbonne.

PORTLANDIEN . . . .   Une espèce dans la Meuse et dans l'Yonne (*Bulla cylindrella*, Buv.) ma coll.

NÉOCOMIEN . . . . . .   Une espèce à peu près certaine en Suisse (*Bulla Jaccardi*, Pict. et Camp.) d'après les figures.

BARRÉMIEN . . . . . .   Une espèce de la couche rouge de Vassy (*Bulla tenuistriata*, Cotteau) coll. de l'Institut catholique ; autre espèce caractéristique en Suisse et à Orgon (*Bulla urgonensis*, Pict. et Camp.) d'après un exemplaire de la coll. Boutillier, conforme aux figures.

ALBIEN. . . . .   Une espèce certaine et inédite, dans l'Aube (*R. Berthelini*, nob.) coll. Berthelin. — Voir l'annexe.

TURONIEN . . . .   Deux espèces probables dans l'Inde (*Bullina alternata* et *cretacea*, d'Orb.) d'après Stoliczka.

SÉNONIEN . . . .   Une espèce probable à Aix-la-Chapelle (*Cylichna gradata*, Holz.) d'après la figure.

PALÉOCENE . . . . . .   Une espèce bien caractérisée à Copenhague (*Tornatella plicatella*, von Kœn.) d'après la figure.

MIOCENE . . . .   Une espèce probable à Pontlevoy (*Bulla pseudotornatina*, Dollf. Dautz) d'après la liste préliminaire ; autre espèce de Floride (*Bulla sulcata*, d'Orb.) d'après Dall.

PLIOCENE. . . . .   L'espèce type dans l'Astien de Cannes, ma coll. Deux autres espèces dans le Plaisantin et la Calabre, citées par Foresti et Seguenza.

EPOQUE ACTUELLE.   Environ 30 espèces, outre le type de la Méditerranée, dans toutes les mers, d'après le catalogue de Pœtel.

VOLVULELLA, R. B. Newton, 1891.

(= *Volvula*, Ad. 1850, *non Volvulus*, Oken 1815 ; = *Rhizorus*,
Montf. 1810, méconnaissable d'après Dautz. et Dollf.)

Spire involvée, à sommet rostré ; ouverture échancrée, columelle faiblement plissée.
VOLVULELLA, *sensu stricto.*   Type : *Bulla acuminata*, Brug. Viv.

Forme ovoïdo-conique, atténuée à ses deux extrémités ; spire
invisible, involvée et recouverte par le rostre plus ou moins acuminé, parfois perforé, que forme l'enroulement de l'extrémité
inférieure du test; surface du dernier tour lisse, ou ornée de sillons visibles aux deux extrémités ; ouverture étroite, linéaire,
occupant toute la longueur de la coquille, à peine dilatée du côté
antérieur et échancrée à la base ; labre mince, peu arqué, presque
vertical, souvent contracté au milieu ; columelle courte, tordue et
tronquée à la base, portant quelquefois un fort pli transversal,
placé assez bas; bord columellaire très étroit, recouvrant incomplètement une fente ombilicale, quelquefois épaissi au point de
rendre moins visible la sinuosité du contour supérieur auquel
il se raccorde.

Diagnose prise sur l'espèce typique de la Méditerranée; plésiotype
de l'Eocène, V. *Dekayi*, Lea (Pl. IV, fig. 1-2) Claiborne, ma coll.

Observ. — Les espèces tertiaires, que j'assimile à la forme vivante, en
diffèrent par plusieurs caractères, qui fixent l'attention au premier abord,
mais qui ne présentent pas, dans les différentes espèces que j'ai examinées,
une fixité suffisante pour qu'on puisse les prendre comme base de la séparation même d'une simple section : en effet, le pli columellaire de
V. *lanceolata*, Sow, de Barton est extrêmement saillant, le bord est épais
et l'échancrure antérieure, à peine indiquée ; le sommet est à peine perforé,
mais il l'est beaucoup plus dans V. *Dekayi*, Lea de l'Alabama; dans ces
deux espèces, il sort de cette perforation une sorte de columelle apicale
et calleuse qui se termine au rostre du sommet; enfin, la surface, lisse

dans V. *acuminata* vivant, est entièrement et fortement sillonnée dans
l'espèce de Barton, et elle est incomplètement striée aux deux extrémités
dans la plupart des autres formes de l'Eocène.

Répart. stratigr.

EOCENE . . . . Plusieurs espèces dans le bassin anglo-parisien et
l'Alabama (*V. radius*, Desh. *oxyacrum*, Cossm.
lanceolata, Sow. *Dekayi*, Lea, etc...) ma coll.

OLIGOCENE . . . . . . Deux espèces dans l'Allemagne du Nord (*V. apicina*,
Phil. *intumescens*, V. Kœn.) d'après les figures.

MIOCENE . . . . Une espèce du Bordelais (*V. Bruguierei*, Benoist) ma
coll.

PLIOCENE. . . . . L'espèce type dans l'Astien de Cannes, ma coll. ; à
Monte-Mario, coll. du Musée de Dijon ; citée dans
le Crag par Wood.

EPOQUE ACTUELLE. Une quinzaine d'espèces dans les mers d'Europe,
l'Océan indien, les mers de Chine, d'après P. Fischer.

SCAPHANDRIDÆ

Coquille externe, involvée, à spire toujours cachée, généralement imperforée au sommet ; ouverture dilatée, laissant apercevoir
l'enroulement interne de la coquille ; pas de columelle ; bord
columellaire un peu calleux, se raccordant par une courbe régulière au contour supérieur.

Tableau des genres, sous-genres et sections

Genres et sous-genres non signalés à l'état fossile

SMARAGDINELLA, A. Ad., NOXA, H. et A. Ad. (Classée dans les *Philinidæ*,
par Tryon).

Genres à éliminer des Scaphandridæ

RAINCOURTIA, Fischer, 1884. Malgré son apparente analogie avec les *Smaragdinella*, cette coquille me paraîtrait beaucoup plus à sa place dans les *Calyptræidæ*, dont elle se rapproche par la double inflexion du bord libre de sa lame columellaire, formant à sa naissance un pilier calleux enroulé sur lui-même et creusé à l'extérieur, comme on n'en voit pas d'exemple dans les *Scaphandridæ;* l'inflexion coudée du bord columellaire n'a aucun rapport avec le pli tuberculeux des *Sabatia*. Je propose donc d'éliminer ce genre des *Opisthobranchiata*. Type : *R. incilis*, Fischer (Pl. VI, fig. 14) de Gourbesville, coll. de l'Ecole des Mines.

SCAPHANDER, Montfort, 1810.

[= *Assula*, Schum. 1817, d'après P. Fischer]

SCAPHANDER, *sensu stricto.*   Type : *Bulla lignaria*, L. Viv.

Forme ovale, conoïde, rétrécie en arrière, dilatée en avant; enroulement autour d'un axe idéal, les tours n'étant pas en contact les uns avec les autres ; surface ordinairement striée dans le sens spiral ; sommet excavé, imperforé, recouvert d'une callosité produite par un épaississement du bord externe ; labre arqué, profondément échancré à son point d'attache avec le sommet de la coquille; ouverture largement dilatée en avant, un peu versante et échancrée à la base, de sorte qu'on peut apercevoir l'intérieur de la coquille jusqu'au sommet ; bord columellaire mince et large en arrière, calleux et étroit en avant, parfois caréné à l'extérieur.

Diagnose prise d'après un individu typique de la Méditerranée ; plésiotype fossile du bassin de Paris, *S. conicus*, Desh. (Pl. IV, fig. 3-5) coll. Bernay.

Observ. — Le plésiotype fossile ne diffère du type vivant que par sa spire perforée au sommet et par son bord columellaire caréné à l'extérieur; en outre, plusieurs espèces fossiles possèdent un renflement interne

très obsolète, qui part transversalement du bord du labre, vers le tiers
inférieur, et qui s'enroule à l'intérieur de la paroi de la coquille ; il existe
un léger indice de ce renflement sur l'individu vivant de *S. lignarius* que
j'ai décrit ci-dessus, et on en voit également la trace sur les moules
internes qu'on recueille dans le Miocène du Portugal. Dans ces conditions,
il ne paraît pas qu'il y ait lieu de séparer les *Scaphander* fossiles de ceux
de l'époque actuelle, même pour en faire une section du genre principal.

Répart. stratigr.

EOCENE . . . . Plusieurs espèces dans le bassin anglo-belge-parisien
(*S. parisiensis*, d'Orb. *conicus*, Desh. *Cauveti*, de
Rainc. *attavillensis*, Desh. *Brongniarti*, Desh. etc...)
ma coll.; dans le Vicentin (*S. Fortisi*, Brongn.)
d'après les figures.

OLIGOCENE . . . . . . Une espèce dans l'Allemagne du Nord (*S. dilatatus*
Phil.), d'après les figures de l'ouvrage de von
Kœnen.

MIOCENE . . . . Trois espèces distinctes du type vivant, dans le Bordelais (*S. Grateloupi, aquitanicus*, Ben. *subligna-
rius*, d'Orb.) ma coll. ; une autre probablement différente de *S. lignarius*, dans le Portugal, ma coll.

PLIOCENE . . . . L'espèce type, dans le Crag et à Anvers, ma coll.;
signalée aussi en Italie et à Rhodes, d'après Dollfus
et Dautzenberg.

EPOQUE ACTUELLE. Le type vivant dans toutes les mers de l'hémisphère
boréal, d'après P. Fischer; quelques autres espèces
dans l'Australie et l'Atlantique, d'après Pætel.

BUCCONIA, Dall. 1890.   Type: *Scaphander nobilis*, Verrill. Viv.

Forme ovale, globuleuse, également atténuée à ses deux extrémités ; enroulement et ornementation de *Scaphander ;* sommet
étroitement perforé, non calleux ; labre arqué, prolongé en arrière
par un bec saillant qui dépasse le sommet de la coquille, et entaillé
par une petite échancrure rétrocurrente, avant son insertion dans
la perforation apicale ; ouverture peu rétrécie du côté postérieur,
largement dilatée et ovale en avant ; bord columellaire excavé en
S, très étroit, se terminant en pointe à droite du contour supérieur.

Diagnose prise ¸d'après la figure du type, *in* Dall (Moll. South. Eastern Coast of U. S, 1889, pl. LXIV, fig. 106) ; reproduite sur un calque (fig. 38).

Observ. — Cette section s'écarte des *Scaphander* typiques par sa forme moins conoïde, plus bulloïde, par son sommet moins calleux et perforé, par le bec postérieur de son labre, enfin par son bord columellaire plus étroit et moins calleux ; M. Dall ajoute, en y assimilant un fossile de l'Eocène d'Amérique, que le bord columellaire porte une étroite gouttière, qui ne paraît pas exister sur le type vivant ; peut-être n'est-ce que l'impression en creux, sur le moule, de la callosité de ce bord. En tous cas, la séparation des *Bucconia* ne me semble admissible que comme une section des *Scaphander*, les caractères différentiels qui précèdent, n'ayant qu'une importance tout à fait secondaire ; si toutefois la gouttière dont il vient d'être question, existe bien sur le plésiotype fossile, comme ce serait une différence beaucoup plus importante, c'est à ce plésiotype qu'il conviendrait d'appliquer un nom nouveau et peut-être un classement dans une autre famille que celle des *Scaphandridæ*.

FIG. 38.
Bucconia nobilis,
Verr.

Répart. stratigr.

EOCENE . . . . Une espèce peu certaine dans l'Amérique du Nord (*Haminea grandis*, Aldrich), d'après la figure donnée par Dall.

EPOQUE ACTUELLE. Le type vivant sur les côtes des États-Unis, d'après la figure donnée par Dall.

SABATIA, Bellardi, 1877.

SABATIA, *sensu stricto.*   Type: *S. Isseli*, Bell. Plioc.

Forme et enroulement de *Scaphander ;* spire excavée, à perforation en grande partie recouverte par une callosité ; surface ornée de stries spirales que traversent de fins plis lamelleux ; labre de *Scaphander ;* bord columellaire calleux dans toute sa hauteur, séparé de la base par un sillon superficiel, caréné et aminci en pointe en avant, portant en arrière un pli transversal épais, taillé en biseau, et, au-dessous de ce pli, quelques rides granuleuses.

Diagnose refaite d'après un échantillon de l'espèce type
(Pl. II, fig. 11-12), communiqué par M. Sacco, musée de Turin.

Observ. — Il ne paraît pas douteux que ce genre doit être classé dans
la famille *Scaphandridæ*, caractérisée par l'absence de columelle : les
coupes longitudinale et transversale qu'en donne Bellardi (fig. 7 et 8)
prouvent que l'enroulement se fait autour d'un axe idéal, sans contact des
tours entre eux; mais l'existence d'un pli columellaire sur tous les individus qu'on a recueillis, écarte complètement les *Sabatia* des *Scaphander*
et justifie la séparation d'un genre distinct.

Répart. stratigr.
PLIOCENE........   Une seule espèce type, localisée aux environs de Turin.
EPOQUE ACTUELLE.   Une espèce des côtes de Floride (*S. bathymophila*,
                   Dall.), d'après la figure donnée par l'auteur.

BULLIDÆ

Coquille externe, globuleuse ou cylindrique, à spire peu ou
point visible, perforée au sommet; ouverture entière et dilatée en
avant; labre peu arqué, presque vertical, non échancré à son point
d'insertion et dépassant le sommet; columelle courte, excavée,
quelquefois plissée ou subtronquée à la base; bord columellaire
calleux, un peu versant.

Tableau des genres, sous-genres et sections

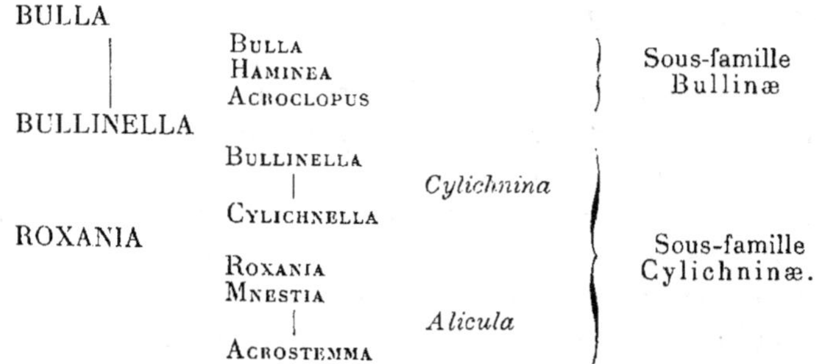

Genres et sous-genres non signalés à l'état fossile

ATYS, Montf. 1810 (*non* Leach. Crust. 1815); DINIA, H. et A. Ad. 1858 (*non* Stal. Hem. 1874); SAO, H. et A. Ad.; PHYSEMA, H. et A. Ad. 1858; WEINKAUFFIA, A. Ad., 1858.

CLISTAXIS, *nom. mut.* [= *Cryptaxis*, Jeffr. 1883, *non* Lowe 1854, *nec* Reuss. 1865]. J'appelle l'attention sur cette dernière rectification d'un double emploi qui a échappé à Jeffreys, pour un genre que lui attribue M. de Monterosato (Nomencl., p. 144, 1884) Type : *Cylichna parvula*, Jeffr. des côtes de Crète.

BULLA, Linné 1759 (Klein 1753).

BULLA, *sensu stricto.*   Type : *B. ampulla*, L. Viv.

Test solide ; forme globuleuse, enroulée; spire étroitement perforée au sommet ; surface lisse ou spiralement striée à ses extrémités ; ouverture rétrécie en arrière, très dilatée et entière en avant ; labre peu arqué, légèrement incliné à gauche de l'axe du côté antérieur, dépassant le sommet et dénué d'échancrure à son point d'insertion ; columelle courte, excavée, sans trace de pli ; bord columellaire mince en arrière, épais et large sur la base, versant et un peu caréné à l'extérieur, recouvrant la fente ombilicale, se raccordant par une courbe régulière au contour supérieur, où il n'aboutit pas tout à fait tangentiellement.

Diagnose faite d'après un individu de l'espèce type; plésiotype pleistocène de Biot, *B. striata*, Brug. (Pl. IV, fig. 6-7) ma coll.

Observ. — Les espèces jurassiques et crétacées, que je rapporte au genre *Bulla*, s'en rapprochent par leur forme, par leur ouverture et par leur sommet perforé, mais s'en écartent par la minceur de leur test (peut-être due à la fossilation) et par leur bord columellaire moins calleux, quoique l'état de conservation des individus étudiés ne permette pas d'être complètement affirmatif à l'égard de ce dernier caractère. Dans ces conditions, il serait téméraire de proposer la création d'un sous-genre ou même d'une

section pour ces premiers représentants du genre *Bulla*, qui pourraient
d'ailleurs être aussi des *Haminea*.

Répart. stratigr.

CHARMOUTHIEN...   Une espèce en Normandie (*B. liasina*, Eug. Desl.).
    coll. Desl.

BATHONIEN ......   Une espèce probable en Normandie (*B. globulosa*,
    Desl.), coll. Desl.

CALLOVIEN.......   Une espèce très globuleuse dans la Sarthe et la Côte-
    d'Or (*B. Lorierei*, d'Orb.), coll. de l'Ecole des Mines.

SEQUANIEN.......   Une espèce certaine dans la Haute-Marne et la Cha-
    rente (*B. matronensis*, de Lor.), coll. du Musée de la
    Rochelle.

PORTLANDIEN.....   Une espèce certaine dans l'Yonne et dans le Boulon-
    nais (*B. Letteroni*, Cott.), coll. Rigaux.

NEOCOMIEN ......   Deux espèces certaines, l'une en Suisse (*B. avellana*,
    Pict. et Camp.), d'après les figures ; l'autre de
    l'Aube, nouvelle *B. marullensis*, nob. (Pl. VI,
    fig. 15-16), coll. de l'École des Mines. — Voir l'an-
    nexe.

APTIEN..........   Fragments peu déterminables, cités par Pictet et Cam-
    piche (Crétacé de Sainte-Croix).

CENOMANIEN.....   Une espèce probable, dans la meule de Bracquegnies
    (*B. Ryckholti*, B. et Corn.), d'après les figures.

SENONIEN........   Deux espèces probables dans le Missouri supérieur
    . (*Haminea minor*, Meek et *Cylichna volvaria*, Meek),
    d'après les figures données par l'auteur.

EOCENE..........   Une espèce de petite taille et lisse, dans le bassin
    parisien (*B. globulus*, Desh.), ma coll.

OLIGOCENE ......   Une espèce bien caractérisée dans le Tertiaire de la
    Jamaïque (*B. Vendryesiana*, Guppy), d'après les
    figures.

PLEISTOCENE.....   L'espèce plésiotype du gisement de Biot, ma coll.

EPOQUE ACTUELLE.   Plusieurs espèces dans les mers chaudes et tempérées,
    d'après P. Fischer ; environ 50, d'après Pætel.

HAMINEA, Leach, in Gray, 1847. Type : *Bulla hydatis*, L. Viv.

Test mince ; forme de *Bulla ;* spire invisible, à sommet ombiliqué, non perforé ; surface finement striée à la loupe ; ouverture
de *Bulla ;* bord columellaire mince, peu étalé, faisant un angle
avec le contour supérieur, au point où il se raccorde avec lui.

Diagnose faite d'après un individu de l'espèce type ; plésiotype fossile
des faluns de Bossée, *H. navicula*, da Costa = *cornea*, Lamk.
(Pl. IV, fig. 28-29) ma coll.

Observ. — S'il est aisé de distinguer les *Haminea* vivantes des *Bulla*
par la minceur de leur test peu coloré, par leur sommet imperforé et surtout par les caractères anatomiques de l'animal, cette distinction est à peu
près impossible, quand il s'agit de formes fossiles, surtout en médiocre
état de conservation : c'est pourquoi j'ai conservé dans le genre *Bulla* proprement dit les coquilles secondaires dont le test est absent ou aminci, et
qui ressemblent, à ce point de vue, à des *Haminea*, sans qu'on puisse affirmer qu'elles en sont.

Répart. stratigr.

Miocene .... Une espèce plésiotype en Touraine, signalée ci-dessus ;
                     autre espèce de Floride, identique à *H. virescens*,
                     Sow. d'après Dall. ; autre espèce du Bordelais
                     (*H. saucatsensis*, Ben. *mss.*) ma coll.

Pliocene .... Deux espèces dans l'Astien de la Calabre et des Alpes-
                     Maritimes (*B. hydatis* et *navicula*) d'après Dollfus
                     et Dautzenberg ; autre espèce dans le Plaisantin et
                     les Pyrénées-Orientales (*H. Weinkauffi*, Mayer)
                     d'après les figures de l'ouvrage de Fontannes.

Epoque actuelle. Dispersée dans toutes les mers, d'après P. Fischer ;
                     environ 50 espèces, d'après Pætel.

Acrocolpus, *nov. sub. gen.*   Type : *Bulla plicata*, Desh. Eoc.

Taille petite ; forme trapue, cylindracée, spire à sutures canaliculées, visible au fond d'une large perforation apicale ; surface
plissée par les accroissements ; les plis, droits dans toute la hauteur du dernier tour, s'anastomosent à la partie inférieure, de
manière à former, autour de la perforation du sommet, une cou-
ronne d'arêtes curvilignes et rétrocurrentes. Ouverture étroite,
peu dilatée en avant où elle est versante et légèrement échancrée ;
labre presque vertical au milieu, incliné à gauche de l'axe du
côté antérieur, rétrocurrent et profondément échancré à son point
d'insertion avec le canal sutural ; columelle courte, obliquement
coudée avec la base, peu excavée, dénuée de plis ; bord columel-

laire épais, se raccordant par un contour régulier avec le bord supérieur qui est un peu sinueux.

Diagnose prise d'après le type du calcaire grossier, *B. plicata* de Chaussy (Pl. IV, fig. 11-13) ma coll.

Observ. — Cette forme doit être séparée des *Bulla*, non seulement à cause de ses plis axiaux au sommet, mais surtout pour son labre échancré en arrière, pour sa spire visible dans la perforation apicale; enfin sa columelle coudée et son contour supérieur subéchancré s'écartent un peu de la columelle arrondie et du contour rectiligne de *B. ampulla*. Néanmoins, quoique ces différences aient une réelle importance, je ne crois pas que *B. plicata* appartienne à un genre complètement distinct des *Bulla*, et qu'elle ait été habitée par un animal dont l'anatomie soit tout à fait différente, comme cela a lieu pour les genres suivants; c'est pourquoi je propose de rattacher *Acrocolpus* comme sous-genre de *Bulla*.

Répart. stratigr.
Eocène .... Une seule espèce type du sous-genre, dans le bassin de Paris, la plupart des collections.

BULLINELLA, Newton, 1891.

[= *Cylichna*, Loven 1846, *non* Burmeister 1844].

Forme cylindracée ; ouverture étroite, entière ; columelle plissée.

Bullinella, *sensu str*.   Type: *Bulla cylindracea*, Penn. Viv.

Forme cylindrique; spire profondément perforée au sommet par un ombilic assez large, au fond duquel on aperçoit l'enroulement des tours ; dernier tour embrassant toute la coquille, tronqué et souvent un peu plus atténué du côté du sommet ; surface en général ornée de stries spirales, plus visibles à la base du dernier tour, reparaissant quelquefois autour de la troncature apicale. Ouverture très étroite sur la plus grande partie de sa hauteur, dilatée, arrondie et entière en avant, où son contour supérieur fait une sinuosité échancrée, qui découvre plus ou moins l'enroulement interne ; labre à peu près vertical, dépassant toujours la troncature de la spire ; columelle courte, se reliant en arrière, sans inflexion, à la base de l'avant-dernier tour, munie en avant d'un renflement pliciforme, plus ou moins saillant; bord columellaire assez épais, caréné à l'extérieur, se raccordant par une courbe régulière avec le contour supérieur.

Diagnose prise d'après un plésiotype fossile du calcaire grossier parisien, *Bulla Verneuili*, Desh. (Pl. IV, fig. 8-10) ma coll.

Observ. — Ce genre se distingue des *Bulla*, non seulement par la forme plus cylindrique de la coquille, mais encore par le pli tordu plus ou moins apparent, que porte la columelle, enfin par l'échancrure du contour supérieur de l'ouverture, qui n'existe pas dans les *Bulla* proprement dites et qui est à peine indiqué dans les *Acrocolpus*. P. Fischer classe les *Cylichna* dans la famille *Scaphandridæ*, quoique la coquille de ces derniers n'ait pas de columelle; Tryon en fait le type de la famille *Cylichnidæ*, déjà proposée par Meek, en 1876, et il y classe aussi les *Volvula*, les *Utriculus* et les *Diaphana*, qui appartiennent à des groupes tout à fait différents au point de vue anatomique, de sorte que cette famille est un assemblage hybride ; il me paraît plus rationnel de rapprocher les *Bullinella* des *Bulla*, dont elles ne s'écartent pas par des caractères fondamentaux et qui ont deux points communs avec elles : coquille complètement externe, columelle formée. Toutefois, comme ce dernier point me laissait quelques doutes, M. Berthelin a eu l'habileté et la patience de trancher deux sections dans l'axe d'individus de *B. Bruguierei* du calcaire grossier; quoique les cloisons internes soient, sinon résorbées, du moins si minces que ces deux coupes ne permettent pas d'examiner comment est fait le nucléus embryonnaire, elles montrent du moins un pilier columellaire perforé par une étroite cavité spirale qui correspond à la fente ombilicale, à peu près recouverte sur la base par le bord columellaire; or il serait impossible de faire une section similaire sur un *Scaphander*, il ne resterait que le vide au centre : il y a donc là une différence capitale qui justifie la séparation de deux familles distinctes.

Un second groupe de *Bullinella* pourrait être admis pour quelques coquilles de l'Eocène, dont le sommet est tronqué, anguleux à la périphérie du dernier tour, et dont le labre échancré en arrière ne dépasse pas la troncature; l'entonnoir de la spire est tantôt complètement recouvert par une callosité (*B. acrotoma*, Cossm. de l'Alabama), tantôt excavé par une rampe conique qui porte la trace des accroissements de l'échancrure sinueuse du labre (*B. goniophora*, Desh. *anomala*, Edw. du bassin anglo-parisien). Comme il existe un passage graduel des formes dont le sommet est imperforé à celles qui ont un entonnoir plissé, il me paraîtrait excessif de proposer une nouvelle coupe pour ces coquilles qui se rattachent aux *Bullinella* typiques, à spire visible.

Répart. stratigr.

Sénonien......... Plusieurs espèces très probables dans la Craie d'Aix-la-Chapelle (*Cyl. Bosqueti*, *Mulleri*, Holz.), d'après les figures de l'auteur; une espèce probable dans la Craie de l'Inde (*C. inermis*, Stol.), d'après la figure. Quant aux espèces indiquées par Meek, elles n'appartiennent vraisemblablement pas au genre *Bullinella*.

Paléocène...... Une espèce des sables de Bracheux (*B. angystoma*, Desh.) ma coll.

Eocène......... Plusieurs espèces dans le bassin de Paris (*B. Verneuili*, *Bruguierei*, Desh., etc.) et dans l'Alabama (*B. Saint-Hilairei*, Lea), ma coll.

Oligocène...... Quelques espèces dans le bassin de Paris et de Mayence (*B. minuta*, Desh., etc., ma coll.) et dans l'Allemagne du Nord (*B. multistriata*, *secalina*, von Kœnen) d'après les figures.

Miocène........ Quelques espèces dans le Bordelais et dans le bassin de l'Adour (*B. convoluta*, Br.) ma coll.

Pliocène........ Plusieurs espèces, parmi lesquelles. le type vivant, dans le Crag et en Italie, ma coll.

Epoque actuelle. Nombreuses espèces dispersées dans toutes les mers, d'après P. Fischer et d'après Pætel qui y comprend celles de la section suivante.

Cylichnina, Monts. 1884.   Type : *Bulla umbilicata*, Mtg. Viv.

[= *Acrotrema*, Cossm. 1889. Catal. Eoc. IV, p. 317.]

Forme cylindracée, souvent conoïdale et rétrécie en arrière ; spire invisible, étroitement perforée au sommet ; dernier tour ovoïdo-cylindrique, non tronqué en arrière ; ornementation et ouverture de *Bullinella*.

Diagnose prise d'après le plésiotype fossile du bassin de Paris,
B. cylindroides, de Parnes (Pl. IV, fig. 17-19) ma coll.

Observ. — Les différences entre cette section et les *Bullinella* proprement dites sont légères, et ne consistent que dans la forme quelquefois conique du dernier tour des *Cylichnina*, surtout dans l'absence de troncature au sommet, perforé d'un ombilic extrêmement étroit au fond duquel il est impossible d'apercevoir l'enroulement de la spire ; aussi y a-t-il des espèces dont le classement est embarrassant, par exemple *B. Saint-Hilairei*, Lea et *galba*. Conr., que certains auteurs considèrent comme synonymes, et dont il faut attentivement examiner le sommet, à l'âge adulte, pour être en état de les séparer.

Le nom *Acrotrema*, que j'ai récemment proposé pour cette section (type: *B. cylindroides*), me paraît synonyme de *Cylichnina*, Monteros., quoique la description de cet auteur se réduise aux quatre mots « sommet atténué et ombiliqué » : la première espèce qu'il cite, sans indiquer si c'est le type, est *C. lævisculpta*, Tiberi, que je ne connais pas; mais il a eu l'obligeance de m'envoyer *C. umbilicata*, Montg. et *nitidula*, Lovèn, deux autres espèces méditerranéennes rapportées par lui au même genre et dont la ressemblance avec les formes que j'ai classées dans le genre *Acrotrema*, est incontestable. Il y a donc synonymie entre ces deux dénominations, le nom *Cylichnina* antérieur doit seul être conservé et j'indique comme type *C. umbilicata*.

Répart. stratigr.

PALEOCENE . . . . . . Une espèce à peu près certaine à Copenhague (*C. discifera*, von Kœn.), d'après la figure.

EOCENE . . . . Nombreuses espèces, soit dans le bassin de Paris (*Bulla cylindroides, ambigena, consors, striatissima, conulus, Caillati*, Desh. etc.) ma coll. ; soit en Angleterre (*B. elliptica*, Sow.) ma coll. ; soit dans l'Alabama (*B. galba*, Conr.) ma coll.

OLIGOCENE . . . . . . Plusieurs espèces, soit dans le bassin d'Etampes et de Mayence (*Bulla conoidea* et *cœlata*, Desh.) ma coll. ; soit dans l'Allemagne du Nord (*C. labiosa, interstincta*, von Kœn. *Bulla Laurenti*, Bosq. et *minima*, Sanab.), d'après les figures.

MIOCENE . . . . Plusieurs espèces dans les faluns du Sud-Ouest (*Bulla tarbelliana*, Grat. *subangystoma*, d'Orb.) ma coll.

PLIOCENE . . . . Le type vivant existe à l'état fossile en Sicile, communiqué par M. de Monterosato; signalé aussi dans le Crag d'Anvers par Nyst.

EPOQUE ACTUELLE. Vivant dans la Méditerranée, l'Adriatique et l'Atlantique, d'après Dollfus et Dautzenberg.

Cylichnella, Gabb. 1873. Type : *Bulla bidentata*, d'Orb. Viv.

Forme ovoïde, subglobuleuse ; spire invisible, très étroitement
perforée au sommet ; dernier tour embrassant, atténué à ses extrémités, lisse ou faiblement sillonné dans le sens spiral ; ouverture
très étroite en arrière, dilatée, arrondie et un peu versante en
avant ; labre peu arqué, quelquefois contracté au milieu, dépassant à peine le sommet ; columelle courte, munie de deux plis
inégaux et écartés, l'antérieur peu saillant, se réduisant quelquefois à un court renflement, l'inférieur étroit, lamelleux, transversalement enfoncé dans·l'intérieur, rejoignant extérieurement le
contour caréné du bord columellaire qui est calleux, bien appliqué sur la base, relié par une courbe régulière au contour supérieur.

Diagnose prise d'après la figure donnée par Tryon, complétée d'après
le plésiotype fossile du Bordelais, *C. vasalensis*, Ben. *mss.* (Pl. IV,
fig. 14-16) ma coll.

Observ. — Ce sous-genre se distingue des *Bullinella* et particulièrement
des *Cylichnina*, par ses deux plis columellaires, par la forme arrondie et
épaisse du bord antérieur de l'ouverture, qui ne présente pas le bec subéchancré des *Roxania*.

Répart. stratigr.

Eocene . . . . Une espèce douteuse dans le Miocène inférieur de l'île
de la Trinité, Eocène d'après Dall (*C. ovum-lacerti*,
Guppy), d'après la figure très médiocre de l'auteur,
n'indiquant pas le pli antérieur. Autre espèce inédite,
mais bien caractérisée, dans les sables du Bois-
Gouët, coll. Bourdot.

Miocene . . . . Plésiotype du Bordelais, ci-dessus signalé; le type
vivant existerait fossile à Haïti, d'après Guppy.

Pliocene . . . . Une espèce de Floride très voisine du type vivant; mais
rapportée par Dall. à *C. ovum-lacerti*, Guppy ; non
figurée.

Epoque actuelle. Le type dans la mer des Antilles, d'après Dall et Tryon.

ROXANIA, Leach, 1847.

[= *Atys auct.*, *non Atys* Montf. 1810 ; = *Roxaniella*, Monts, 1884].

Forme de *Bulla ;* spire perforée, base ombiliquée, ouverture échancrée du côté antérieur ; columelle tronquée à son extrémité supérieure.

Roxania, *sensu stricto.*
> Type : *R. Cranchi*, Leach (= *Bulla utriculus* Br.) Viv.

Forme globuleuse, enroulée ; spire invisible, étroitement perforée au sommet ; surface couverte de sillons spiraux et ponctués ; base munie d'une fente ombilicale ; ouverture un peu rétrécie en arrière, à peine dilatée en avant, subéchancrée sur son contour supérieur ; labre presque vertical, non sinueux en arrière ; columelle excavée, tordue en avant et se terminant par un coude tronqué contre l'échancrure du bord supérieur ; bord columellaire mince en arrière, calleux en avant, détaché de la base et s'arrêtant à la troncature de la columelle.

> Diagnose prise d'après des individus typiques de la Méditerranée ; plésio-type fossile du calcaire grossier de Grignon, *Bulla ovulata,* Lamk. (Pl. IV, fig. 20-22) ma coll. ; autre exemple d'un groupe un peu différent, *B. semistriata*, Desh. de Cuise (Pl. IV, fig. 23-24) ma coll.

Observ. — M. de Monterosato (Nomencl. 1884) a séparé avec raison ce genre des *Atys*, dont il diffère par la forme de sa columelle à peine tordue et par son labre qui ne se prolonge pas par un bec au-delà du sommet. Les *Roxania* se distinguent des *Bulla* par leur ouverture moins entière en avant, par leur columelle tordue et tronquée, par leur fente ombilicale ; des *Bullinella* par leur forme plus ventrue, par leur ornementation, par leur columelle moins plissée, mais tronquée ; enfin des *Cylichnella*, qui ont presque la même forme, par l'absence de deux plis columellaires, par la disposition de leur ouverture échancrée à la base, et par leur columelle qui ne se raccorde pas par une courbe régulière au contour supérieur.

M. de Monterosato en a séparé (Nomencl. 1884) une section *Roxaniella*

(type *B. Jeffreysi*, Weink) qui ne se distingue guère que par la minceur du
test, la coquille est presque diaphane ; les autres caractères me paraissent
identiques, en tout cas je ne crois pas qu'on puisse, en Paléoconchologie,
distinguer les *Roxaniella* fossiles des *Roxania* : si l'on devait faire une
séparation, je l'admettrais plutôt pour le groupe de coquilles qui ont le
sommet plus largement perforé, la forme plus cylindracée, quoique ventrue, les sillons inégalement groupés en deux faisceaux en avant et en
arrière, peu ou point ponctués, avec une ouverture semblable à celle des
Roxania proprement dites ; mais je ne crois pas utile de dénommer ce
groupe, dont les caractères n'ont ni une importance, ni une fixité suffi-
santes pour mériter même une section.

Répart stratigr.

SÉNONIEN........ Plusieurs espèces probables dans la Craie supérieure
                du Missouri (*Haminea occidentalis*, *subcylindrica*,
                minor, Meek) d'après les figures, et conformément
                à l'auteur qui les rapproche d'ailleurs des *Roxania*.

PALÉOCÈNE ...... Deux espèces certaines, dans les sables de Jonchery
                (*Bulla glaphyra* et *cincta*, Desh.) ma coll. ; autre
                espèce probable à Copenhague (*B. clausa*, v. Kœn.)
                d'après la figure.

ÉOCÈNE .... Plusieurs espèces bien caractérisées, dans le bassin
                Anglo-parisien (*Bulla ovulata*, Lamk, *biumbilicata*,
                sulcatina, *Lamarcki*, *semistriata*, Desh.) ma coll.

OLIGOCÈNE ...... Une espèce du Tongrien inférieur de Belgique (*B.
                utriculoides*, Bosq.) ma coll. ; deux espèces dans
                l'Allemagne du Nord, l'une typique (*Atys clara*, v.
                Kœn.), l'autre du second groupe (*Cylichna adjecta*,
                v. Kœn.), d'après les figures données par l'auteur.

MIOCÈNE .... Une espèce typique dans le Bordelais (*B. subutriculus*,
                d'Orb.) ma coll. ; autre espèce des mêmes gise-
                ments et du second groupe (*B. burdigalensis*, d'Orb.)
                ma coll.

PLIOCÈNE........ Une espèce très commune dans l'Astien et le Plaisan-
                cien des Alpes-Maritimes et d'Italie (*Bulla utriculus*,
                Br. synonyme de *B. Cranchi*, d'après Monteros.) ma
                coll.

ÉPOQUE ACTUELLE. Le type vivant dans la Méditerranée, l'Adriatique et
                le Nord de l'Atlantique, d'après Monterosato.

MNESTIA, H et A. Ad. 1854 Type : *M. marmorata*, A. Ad. Viv.

Forme ovale, ventrue ; spire invisible, imperforée ; dernier
tour embrassant toute la coquille, atténué à ses deux extrémités,

perforé par une fente ombilicale à la base, et muni en arrière d'une dépression qui circonscrit un bourrelet circa-apical ; surface ornée de stries spirales, fines au milieu, plus profondes et plus écartées sur la base, ainsi que sur le bourrelet postérieur ; ouverture étroite en arrière, peu dilatée et échancrée en avant ; labre assez épais, prolongé du côté postérieur par un bec qui dépasse beaucoup le sommet, avec une entaille assez profonde dans la callosité fermant l'entonnoir de la spire ; columelle très courte, excavée ; subitement coudée en avant, où elle se termine en pointe contre l'échancrure du bord supérieur ; bord columellaire étroit, détaché de la fente ombilicale, terminé à la troncature de la columelle.

Diagnose prise d'après un plésiotype fossile de l'Oligocène de Pierrefitte, *Bulla turgidula*, Desh. (Pl. V, fig. 1-3) ma coll.

Observ. — Ce sous-genre s'écarte des *Roxania* par sa forme, par sa spire imperforée, entourée d'un bourrelet apical, et par le bec, correspondant à ce bourrelet, que forme le labre avant d'aboutir à son point d'insertion. Je ne connais le type vivant des *Mnestia* que par la figure qu'en donne Tryon, dans son Structural Manuel, mais j'ai été frappé de l'identité de cette forme et de notre *Bulla turgidula ;* il y a aussi quelque analogie avec les *Alicula*, Eichw ; mais on verra ci-après les différences.

Répart. stratigr.

OLIGOCENE . . . . . . Une espèce dans le bassin d'Etampes et de Mayence (*B. turgidula*, Desh), ma coll.

MIOCENE . . . . Une espèce bien caractérisée dans l'Allemagne du Nord (*Bulla Weissi*, v. Kœn.) d'après les figures données par l'auteur.

EPOQUE ACTUELLE. Deux espèces dans les mers de la Chine, d'après Pætel.

ALICULA, Eichw. 1830.   Type : *Bulla cylindrica*, Gm.

[= *Alicula*, Ehr. 1831, *idem typus*].

Forme et ouverture de *Mnestia* ; sommet subperforé, dépourvu de bourrelet ; surface ornée d'un faisceau de stries spirales à chaque

extrémité, lisse au milieu du dernier tour ; labre ne dépassant pas
le sommet ; columelle munie d'un pli tordu et tronquée à la base ;
bord columellaire de *Mnestia*.

Diagnose prise d'après un plésiotype fossile des plages de la
mer Rouge, *A. Ehrenbergi*, Issel ; reproduction de la figure (fig. 39).

Observ. — Cette section me paraît peu différente du
sous-genre *Mnestia ;* elle s'en écarte toutefois par l'absence
d'un bourrelet apical et d'un bec postérieur, par son pli
columellaire plus apparent. Elle ressemble aussi beaucoup aux *Roxania* proprement dites ; cependant, outre
que la forme de la coquille est plus fusoïde, plus atténuée
aux deux extrémités, la columelle porte un véritable pli
qui fait défaut dans les *Roxania*.

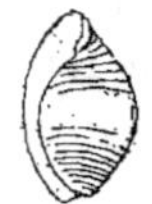

Fig. 39.

*Alicula Ehren-
bergi*, Issel.

Répart. stratigr.
Pleistocene..... Plusieurs espèces, parmi lesquelles le type et le plé-
                 siotype, dans les plages soulevées de la mer Rouge,
                 à l'époque quaternaire ; d'après les figures de Issel.
Epoque actuelle. Environ trois espèces dans la mer Rouge (*A. bacillus*,
                 succisa, Ehr.) d'après Issel, Malac. mar. rosso.

Acrostemma, Cossm. 1889.   Type : *Bulla coronata*, Lamk. Eoc.

Forme conique, ou ovoïdo-conique, rétrécie en arrière ; spire
étroitement perforée, à tours visibles, circonscrite par un angle
très arrondi ; surface du dernier tour ornée de sillons spiraux à
la base, et de petits plis d'accroissement très serrés, plus saillants
sur le bourrelet circa-apical, où ils sont réticulés par quelques
filets spiraux ; ouverture très étroite en arrière, dilatée et échancrée à la base ; labre presque droit, profondément entaillé à la
suture, vis-à-vis d'un canal spiral qui s'enfonce dans la perforation de la spire ; columelle plus ou moins excavée, à peine plissée et quelquefois subtronquée en avant.

Diagnose prise d'après l'espèce typique du bassin de Paris (Pl. III, fig. 21-23), échantillon du calcaire grossier de Mouchy, ma coll.

Observ. — Ce sous-genre doit être séparé des *Bullinella*, non seulement à cause de la forme conique, quelquefois ovale, du dernier tour, mais surtout parce que la spire est couronnée par un bourrelet réticulé dont la saillie est limitée par une petite dépression de la partie postérieure du dernier tour ; enfin parce que le labre porte une échancrure profonde au point où il s'attache à la spire ; quant à la columelle, elle présente des caractères variables : dans les individus typiques du calcaire grossier, elle est à peine excavée, sans aucune trace de pli, et ne paraît pas véritablement tronquée à la base ; les individus de l'Eocène inférieur portent, au contraire, un faible pli tordu, et enfin les autres espèces de l'Eocène supérieur du bassin de Paris, appartenant indubitablement à la même section, ont la columelle tout à fait tronquée près de l'échancrure basale de l'ouverture, de sorte qu'on peut les rapprocher des *Roxania* et des *Mnestia* ; mais les *Acrostemma* se distinguent des premières par leur bourrelet et leur échancrure suturale, des secondes par leur forme, par l'ornementation bien différente de leur bourrelet, par leur labre dépassant à peine le sommet.

Répart. stratigr.

PALEOCENE ...... Le type commence à apparaître dans les sables de Bracheux, ma coll.

EOCENE .... Plusieurs espèces, outre le type, dans le bassin anglo-parisien (*Bulla Bezançoni*, Morlet et *elacate*, Bayan) ma coll.

MIOCENE .... Une espèce certaine dans les faluns du Bordelais (*Atys Tournoueri*, Ben. *mss*) ma coll.

PLIOCENE .... Une espèce typique à Altavilla (*Cylichna condita*, Monts.) d'après les échantillons envoyés par l'auteur.

EPOQUE ACTUELLE. Une espèce vivant dans la Méditerranée (*Bulla striatula*, Forbes) d'après Monterosato.

ACERIDÆ, *nov. fam.*

Coquille externe, pouvant contenir l'animal, à test mince et hyalin ; spire visible, non perforée ; ouverture dilatée et découverte en avant ; enroulement autour d'un axe idéal, columelle absente ; bord columellaire très mince et très étroit, recouvrant hermétiquement la fente ombilicale.

Observ. — La plupart des auteurs ont classé les genres pour lesquels je propose cette nouvelle famille, soit dans les *Scaphandridæ* ou les *Bullidæ*, soit dans les *Aplustridæ*, soit même dans les *Lophocercidæ* (Tryon). Ces arrangements me semblent hybrides : le test mince de ces coquilles, leur spire visible, les écartent des *Scaphandridæ ;* si l'animal peut rentrer complètement dans le test, comme cela a lieu pour les *Bullidæ,* l'enroulement dénué de columelle les distingue des *Bulla* et *Bullinella* qui ont une columelle bien formée ; quant aux *Aplustridæ* et aux *Lophocercidæ*, il convient de n'y classer que des formes habitées par des animaux ne rentrant pas complètement à l'intérieur de la coquille, et d'en exclure les genres à coquille, entièrement externe, quoique la minceur de leur test rapproche les *Aceridæ* des *Aplustrum* et des *Hydatina*. En résumé, je crois que la meilleure solution consiste à adopter cette famille nouvelle, qui comprendra une série assez homogène.

Tableau des genres, sous-genres et sections

ACERA.
AMPHISPHYRA.

Genres et sous-genres non signalés à l'état fossile

Cylindrobulla, P. Fischer. 1857 ; Volvatella, Pease, 1860.

ACERA, Müller, 1776.

[= *Eucampe*, Leach, 1847, *sec.* P. Fischer].

Forme globuleuse ou subcylindrique ; spire tronquée, à tours canaliculés ; labre profondément échancré près de la suture ; ouverture très sinueuse en avant.

Acera, *sensu stricto.*   Type : *A. bullata*, Mull. Viv.

Forme ovale, ventrue, quelquefois cylindracée ; embryon lisse, hétérostrophe, à nucléus dévié dans un plan orthogonal ; spire tronquée ou à peine saillante, composée d'un petit nombre de tours croissant rapidement et séparés par des sutures profondément canaliculées : dernier tour embrassant toute la coquille, orné de stries spirales très fines. Ouverture étroite en arrière, subitement évasée, entièrement découverte en avant par une large sinuosité du contour supérieur; labre très mince, renversé à gauche de l'axe du côté antérieur, arqué au milieu, profondément entaillé sur la carène postérieure qui limite la rampe canaliculée des tours de spire; enroulement autour d'un axe idéal, columelle absente; bord columellaire mince, très étroit, se raccordant par une courbe régulière à la sinuosité du bord supérieur.

Diagnose prise sur *A. soluta* Chemn. ; plésiotype de l'Eocène parisien, *Bulla striatella*, Lamk. du Guépelle (Pl. IV, fig. 25-27), ma coll.

Observ. — S'il n'y a aucune hésitation possible dans le classement des *Acera* tertiaires et à la rigueur, des espèces crétacées, il y a quelque incer titude en ce qui concerne les formes jurassiques qui, pour la plupart, n'ont pas la spire saillante et sont plus ovales, plus allongées que les *Acera* typiques; cependant, comme elles ont l'échancrure caractéristique du labre et les tours plus ou moins canaliculés, il me paraîtrait excessif de proposer un démembrement subgénérique qui ne serait fondé que sur une différence de forme, surtout quand la plupart des échantillons à comparer sont dénués de leur test.

Répart. stratigr.

BATHONIEN	Une espèce peu certaine, à l'état de moule (*Bulla primæva*, Desl.) coll. Desl.
CALLOVIEN.......	Une espèce inédite, de la Sarthe, coll. de l'École des Mines : sera décrite dans la Rev. de la Paléont. française.
RAURACIEN.......	Une espèce douteuse de l'Allemagne du Nord (*Bulla subquadrata*, Rœmer) d'après la figure défectueuse de l'auteur.
KIMERIDGIEN.....	Deux espèces du sous-étage ptérocérien, dans la Haute-Marne et le Boulonnais (*A. blaisiaca* et *Beaugrandi*, de Lor.) d'après les figures et les échantillons, coll. Pellat.
NEOCOMIEN	Une espèce nouvelle et bien caractérisée, du gisement de Marolles, *A. neocomiensis*, *nob.* (Pl. VI, fig. 23-24) coll. de l'École des Mines. — Voir l'annexe.

CENOMANIEN.....	Une espèce à sutures canaliculées, dans la meule de Bracquegnies (*Tornatina ovata*, Br. et Corn.) d'après les figures de ces auteurs.
SENONIEN........	Une espèce à peu près certaine, dans le Crétacé du Brésil (*A. Browni*, White) d'après la figure ; autre espèce de la craie supérieure de Syrie (*A. siliciosa*, Whitfield) d'après la figure.
EOCENE	Une espèce bien caractérisée, dans le bassin de Paris (*A. striatella*, Lamk.) ma coll.
OLIGOCENE	Une espèce plissée par les accroissements, dans l'Allemagne du Nord (*Bulla plicata*, Phil., à changer en *A. Kœneni*, nob. *non B. plicata*, Desh.) d'après la figure donnée par M. von Kœnen ; autre espèce dans le Vicentin. ma coll.
MIOCENE	Une espèce à peu près certaine dans l'Allemagne du Nord (*Bulla Bellardii*, von Kœnen) d'après la figure de l'auteur.
PLIOCENE........	Une espèce probable dans le Crag (*Bulla nana*, Wood) d'après la figure de l'auteur.
EPOQUE ACTUELLE.	Vivant dans toutes les mers, d'après P. Fischer.

AMPHISPHYRA, Lovèn, 1846.

[= *Diaphana*, Brown 1827 et 1833, *non Diaphania*, Hübn. 1816, Lepid.].

Forme de *Scaphander*, spire visible, non saillante ; labre à peine échancré, ouverture peu sinueuse en avant.

AMPHISPHYRA, *sensu stricto*.

Ex. *Bulla hyalina*, Turton = *Volvaria pellucida* Brown. Viv.

Forme ventrue, très dilatée ; nucléus embryonnaire saillant ; spire un peu concave, non ombiliquée, à tours peu nombreux, croissant rapidement ; dernier tour conoïdal, formant toute la hauteur de la coquille, atténué en arrière, élargi en avant, orné de fines stries spirales. Ouverture étroite en arrière, rapidement dilatée, entière et arrondie en avant, dont le contour supérieur, quoique peu sinueux, découvre largement l'intérieur de la coquille, qu'on peut apercevoir jusqu'au sommet ; labre très mince, presque droit sur la plus grande partie de sa hauteur, se raccordant en arrière à la paroi opposée, en formant une sorte de godet subcanaliculé, sans échancrure ; enroulement autour d'un axe idéal, columelle absente ; bord columellaire mince, très étroit, non détaché, se raccordant par une courbe régulière au contour supérieur.

Diagnose faite d'après un plésiotype fossile des sables de Cuise, *Bulla assula*, Desh. (Pl. V, fig. 11 et 22-23) ma coll.

Observ. — Ce genre, dont le test est aussi mince que celui des *Acera*, s'en distingue par sa forme plus conoïde, moins cylindrique, par sa spire sans saillie, et surtout par son labre non échancré en arrière, par son ouverture beaucoup moins découverte à la base ; il s'écarte des *Scaphander* par le peu d'épaisseur du test, par son labre non échancré et par sa spire visible. Il n'est pas possible de conserver *Diaphana*, Brown, comme l'a fait Tryon, car cette dénomination est synonyme de *Diaphania* déjà employé ; la correction faite par Lovèn a l'avantage de faire disparaître un nom de genre formé d'un adjectif et, par conséquent, peu correct.

Répart. stratigr.

BAJOCIEN . . . . Une espèce nouvelle, coll. Gaiffe ; sera décrite dans la Revis. de la Paléont. française.

CENOMANIEN . . . . . Une espèce probable dans le Colorado (*Haminea truncata*, Stanton) d'après la figure de l'auteur.

EOCENE . . . . Deux espèces typiques dans le bassin de Paris (*Bulla assula* et *pulchella*, Desh.) ma coll.

OLIGOCENE . . . . . . Une espèce bien caractérisée dans le bassin d'Étampes (*Scaph. stampinensis*, Cossm.) ma coll.

MIOCENE . . . . Une espèce incertaine dans l'Allemagne du Nord (*Philine undulata*, von Kœn.) d'après la figure de l'auteur ; autre espèce inédite des faluns de Bordeaux, coll. Degrange-Touzin.

PLIOCENE . . . . Le type vivant, dans les marnes de Théziers, d'après la liste de M. Vignier (Bull. Soc. géol. de Fr., 1836).

EPOQUE ACTUELLE. Vivant dans les mers du Nord et de l'Amérique, d'après P. Fischer ; neuf espèces, d'après Pætel en y comprenant les *Diaphana* qu'il laisse séparées des *Amphisphyra*, quoique le type soit le même.

APLUSTRIDÆ

Coquille en partie externe, à test mince, globuleuse, à spire visible, ou même saillante et parfois conoïdale ; ouverture dilatée, munie d'un bec antérieur plus ou moins échancré, qui correspond à l'extrémité d'un bourrelet basal ; columelle généralement tronquée au bord du bec ; labre non échancré en arrière.

Observ. — Les *Aplustrum*, qui sont le type de cette famille, sont bien différents des *Acera*, surtout par leur columelle tordue en spirale et presque droite, ainsi que par le bec antérieur auquel elle aboutit ; mais les différences d'aspect extérieur sont beaucoup moins tranchées entre les *Hydatina*, classées dans la même famille, lorsqu'on les compare aux formes fossiles d'*Aceridæ*, et particulièrement aux *Amphisphyra*. Cependant les coquilles tertiaires que j'ai classées dans ce dernier genre ne présentent pas la trace de l'échancrure rudimentaire que l'on constate, plus ou moins indiquée, sur toutes les *Hydatina* vivantes ; en outre, leur ouverture est bien plus découverte en avant et leur enroulement spiral se fait autour d'un axe fictif, tandis que les *Aplustridæ* paraissent avoir la columelle formée ; enfin, les *Aceridæ* ont une coquille externe, au lieu que celle des *Aplustridæ* ne peut pas contenir entièrement l'animal : il est vrai que ce dernier caractère ne peut être d'aucune utilité pour la distinction des formes fossiles.

Tableau des genres, sous-genres et sections

SULCOACTÆON
HYDATINA

                   Hydatina

                            Palæohydatina

BULLOPSIS

Genres et sous-genres non signalés à l'état fossile

Aplustrum, Schum. 1817 (*non Aplustre* Swains. 1840, *nec Amplustrum* Gray 1847).

Bullinula Beck 1840 (= *Bullina*, Ad. *non* Fér. 1821). Les espèces crétacées indiquées par Stoliczka ou par Holzapfel, comme appartenant à ce genre, me paraissent des *Cinulia* non adultes ou des fragments indéterminables (*B. obtusiuscula*, Stol.). Quant au rapprochement proposé par Zittel entre *Actæonina striatosulcata* du Corallien et ce genre *Bullinula*, il est plus près de la vérité, mais ce n'est pas absolument le même genre, ainsi qu'on va le voir ci-après. Par conséquent, dans l'état actuel, je ne connais pas de *Bullinula* fossiles.

SULCOACTÆON, *nov. gen.*

[= *Bullinula, in* Zittel, *non* Beck].

SULCOACTÆON, *sensu stricto.*

Type: *Act. striatosulcata*, Zitt. et Goub. Jur.

Forme ovale, semblable à celle de *Tornatellæa ;* spire saillante, courte, à galbe presque conique, à sutures enfoncées, sans gradins. Surface tantôt à demi lisse, tantôt entièrement sillonnée ; base du dernier tour perforée, toujours ornée de sillons spiraux, dont le dernier limite un bourrelet entourant la fente ombilicale. Ouverture ovale, peu allongée, se terminant par un bec un peu échancré qui correspond à l'extrémité du bourrelet basal ; labre arqué, rétrocurrent près de la suture ; columelle courte, peu excavée, se terminant en pointe contre le bec antérieur ; bord columellaire plus ou moins calleux, détaché, ne recouvrant pas complètement la fente ombilicale qui le sépare du bourrelet basal.

Diagnose prise d'après un individu typique de Glos (Pl. I, fig. 13-14) coll. de la Sorbonne.

Observ. — J'avais d'abord classé ce genre dans les *Actæonidæ ;* mais, après un examen plus approndi des caractères de l'espèce type, je me rallie à l'opinion de Stoliczka et de Zittel, qui rapprochent *A. striatosulcata* des *Bullinula*, par conséquent dans les *Aplustridæ*. Toutefois il y a de réelles différences entre cette espèce jurassique et *B. lineata*, Wood, figurée dans le Struct. Manuel de Tryon : d'abord le bourrelet basal, dont il n'est même pas fait mention dans la diagnose du genre *Bullinula*, et qui a beaucoup d'analogie avec celui des *Aplustrum ;* en outre, le bord columellaire est plus épais que celui des *Bullinula*, le labre n'est pas crénelé ; d'autre part l'existence d'un ombilic sur la base, la saillie de la spire, la columelle lisse et un peu excavée, distinguent les *Sulcoactæon* des *Aplustrum* : c'est donc un genre nécessaire et intermédiaire entre *Bullinula* et *Aplustrum*.

Répart. stratigr.

Bajocien........ Une espèce du Calvados, confondue avec *Torn. pulchella ;* sera décrite dans la Revision de la Paléontol. française.

Bathonien ...... Une espèce du Boulonnais confondue avec *Act. Lorierei ;* sera décrite dans la Revision de la Paléontol. française.

Oxfordien ...... Une espèce certaine, en Russie (*Actæon Perowskianus*, d'Orb.) coll. de l'Université de Moscou.

Rauracien ...... Outre le type cité ci-dessus, une espèce certaine dans la Meuse et le Calvados (*Tornatella hordeola*, Buv.) coll. Moreau et Boutillier.

Sequanien....... Deux espèces nouvelles dans le Boulonnais, coll. Legay ; seront décrites dans la Revis. de la Paléont. française.

Portlandien..... Une espèce certaine du Boulonnais (*Tornatella Leblanci*, de Lor.) coll. Pellat, Rigaux, Legay.

Neocomien ...... Plusieurs espèces certaines de l'Yonne et de Suisse (*Actæon marginatus*, d'Orb.) coll. du Muséum de Paris (*Act. Nerei*, Pict. et Camp. *Act. icaunensis*, Cotteau) coll. du Musée de Genève.

Urgonien .... Une espèce nouvelle des calcaires d'Orgon, *Sulcoact. ovoideus*, *nob.* (Pl. VI, fig. 28-29) coll. Boutillier et Curet ; autre espèce incertaine d'Escragnolles (*Act. astierianus*, d'Orb.) d'après les figures de la Paléont. française.

HYDATINA, Schum. 1817.

Forme de *Bulla* ; spire apparente, peu excavée, à sutures non canaliculées ; embryon hétérostrophe, globuleux et dévié ; dernier tour globuleux, à surface lisse ; ouverture dilatée, légèrement échancrée sur le bord supérieur ; bourrelet basal à peine indiqué aboutissant à la sinuosité du contour ; labre arqué, à peine sinueux en arrière, se repliant tangentiellement au bord opposé.

Hydatina

Diagnose prise d'après un individu de l'espèce type, *Bulla physis*,
Lin. de l'île Maurice, ma coll.

PALÆOHYDATINA, *nov. sect.* Type : *Bulla undulata*, Bean. Bath.

Forme ovale, parfois subcylindrique ; spire étroitement excavée ;
ouverture élargie en avant, peu ou point sinueuse sur son contour supérieur ; labre un peu échancré en arrière ; columelle
courte excavée.

Diagnose prise d'après un individu de l'espèce type, à Hidrequent
(Pl. V, fig. 4-6) coll. Legay.

Observ. — Je n'ai pu me décider à identifier aux *Hydatina* actuelles les
coquilles secondaires dénommées *Bulla*, qui ont la spire découverte, étroitement ombiliquée ; leur état de conservation, généralement dénué de
test, ne permet pas d'étudier les caractères de l'ouverture, de sorte qu'il
est à peu près impossible de vérifier si le contour supérieur est sinueux
ou régulièrement continu, sans l'échancrure de *H. physis*, qui est d'ailleurs
à peine indiquée sur une autre espèce vivante de l'Océan indien (*H. velum*) ;
il ne faudrait donc pas attacher trop d'importance à ce dernier caractère
qui, lorsqu'il existe, justifie le classement des *Hydatina* dans les *Aplustridæ*. La plupart des espèces jurassiques ont une forme moins globuleuse
que *H. physis ;* leur labre décrit, en arrière, une sinuosité plus rétrocurrente, sans que ce soit une entaille comparable à celle des *Acera ;* d'ailleurs, les tours ne sont pas canaliculés et l'ouverture n'est pas découverte
en avant : il est donc facile de séparer les *Hydatina* jurassiques des *Acera*.
Enfin il y a un point dont il y a lieu de tenir compte, c'est qu'aucune *Hydatina* n'a encore été signalée dans les terrains tertiaires, pour relier les
formes secondaires, à celle des mers actuelles, et même celles du terrain
crétacé sont très hypothétiques. Dans ces conditions, toutes les probabi-
lités semblent établir que ce ne sont pas des *Hydatina* proprement dites,
mais au moins une section ancestrale à laquelle je propose d'appliquer le
nom *Palæohydatina*.

Répart. stratigr.

SINEMURIEN...... Une espèce à peu près certaine (*Bulla Flouesti*, Eug.
Desl.) d'après un moulage de la coll. du Musée de
Genève.

BAJOCIEN........ Une espèce inédite des environs de Nancy, coll.
Gaiffe et Bleicher ; sera décrite dans la Revision de
la Paléont. française.

BATHONIEN . . . . . .   Le type de la section existe à l'état fossile dans le
                        Boulonnais et en Angleterre.

SEQUANIEN . . . . . .   Une espèce très répandue dans l'Allemagne du Nord,
                        le Jura et le Boulonnais (*Bulla suprajurensis*, Rœm.)
                        d'après des échantillons de diverses provenances.

KIMERIDGIEN . . . . .   Une espèce probable dans la Meuse (*Bulla Dyonisea*,
                        Buv.) d'après la figure.

CENOMANIEN . . . . .   Une espèce très douteuse, à l'état de moule dans les
                        grès du Mans (*Bulla Orbignyi*, Guér.) d'après la
                        figure de l'album paléontologique de la Sarthe.

SENONIEN . . . .   Une espèce dont l'ouverture est inconnue (*H. parvula*
                        Whiteaves) crétacé du Canada ; comparée par l'au-
                        teur à une *Bullopsis*, mais sans pouvoir affirmer
                        qu'il y ait des plis columellaires.

BULLOPSIS, Conrad, 1858

BULLOPSIS, *sensu stricto*.   Type : *B. cretacea*, Conr. Crét.

Forme d'*Hydatina*, atténuée en avant, tronquée en arrière ;
spire déprimée ; dernier tour renflé ; ouverture pyriforme dilatée
et ovale à la base ; bord columellaire muni de deux plis proémi-
nents placés très haut, limité du côté de la base, par une carène
qui se raccorde au contour supérieur.

Diagnose prise d'après la description donnée par Conrad (Journ.
of the Acad. Sc. nat. Phil., III, 1858); reproduction d'une copie de
la figure (fig. 40), donnée en 1860 dans le t. IV.

Observ. — D'après ce qui précède, ce genre ne différerait des *Hydatina*
proprement dites que par la présence de deux plis à la
columelle ; cette plication ne semble guère se concilier
avec les caractères des *Aplustridæ*, et demanderait une
plus ample vérification ; malheureusement la figure que
Conrad a donnée deux ans après sa diagnose, laisse beaucoup à désirer : les plis sont placés à peu près à l'emplace-
ment de ceux des *Actæonella*, mais la dilatation de l'ouverture du côté antérieur et la troncature postérieure de la
coquille ne ressemble guère à la forme des *Trochactæon ;*

FIG. 40.
*Bullopsis creta-
cea*, Conr.

pour faire ce rapprochement, il faudrait donc admettre que Conrad a pris
pour la forme normale de la spire une troncature accidentelle. Dans ces
conditions, il faut nécessairement attendre qu'on ait de meilleurs maté-

riaux, avant de se former une opinion définitive sur le classement de cette coupe générique.

Répart. statigr.
SENONIEN?....... Une espèce de Mississipi, type du genre, trouvée avec 55 autres espèces dans Tippah Country, sans indication exacte du niveau.

RINGICULIDÆ

Coquille ventrue, spire courte, à nucléus hétérostrophe ; surface généralement sillonnée dans le sens spiral, quelquefois réticulée ou ponctuée par les accroissements : ouverture étroite, à péristome calleux, plus ou moins échancrée à la base, rétrécie par des plis à la columelle et même par des dents pariétales, ou à l'intérieur du labre qui est invariablement bordé d'un bourrelet variqueux.

Observ. — Le classement de cette famille dans les *Opisthobranchiata* paraît définitivement fixé, non seulement par les caractères anatomiques de l'animal, mais aussi par l'embryon qui, dans les *Ringicula*, a la plus grande analogie avec le nucléus apical des *Actæon*. D'autre part, le disque céphalique de l'animal des *Ringicula* ressemble à celui des *Actæon*, l'animal peut rentrer dans sa coquille ; enfin il y a des *Tornatellæa* crétacées que l'on distingue difficilement des *Ringinella*, quand celles-ci n'ont pas leur bourrelet labial. C'est pour ces motifs que Zittel a rapproché les *Ringiculidæ* des *Actæonidæ*, au lieu de les placer immédiatement après les *Aplustridæ*, comme l'a fait P. Fischer, qui se basait exclusivement sur la radule.

Tableau des genres, sous-genres et sections

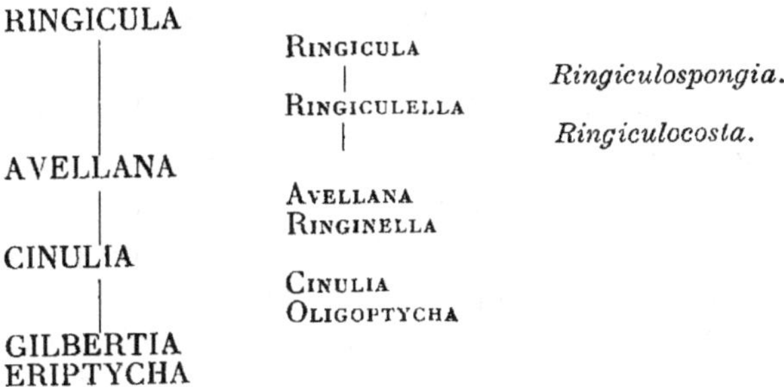

Genres et sous-genres à éliminer de la famille

TRIPTYCHA, Muller. Autant qu'on peut en juger par la figure, *Triptycha limnæiformis* doit être classé dans les *Auriculidæ* et ne peut être considéré comme une coquille d'*Opisthobranchiata*.

RINGICULA, Desh. 1838.

[= *Aptycha*, Meek 1863, *non Aptychus*, Meyer, 1829.]

Spire saillante ; labre épais, lisse ou crénelé à l'intérieur ; columelle courte, munie de deux gros plis transverses ; bord columellaire calleux, portant en arrière une dent pliciforme.

RINGICULA, *sensu stricto*. Type : *Auricula ringens*, Lamk. Eoc.

Taille petite ; forme ovale, ventrue ; embryon dévié, à nucléus empâté ; spire assez courte, à sutures canaliculées ; surface entièrement ou partiellement sillonnée par des stries spirales, rarement lisse ; ouverture petite, peu dilatée, canaliculée en arrière, échancrée en avant ; labre curviligne, incliné à droite de l'axe du côté antérieur, épais, denticulé à l'intérieur, extérieurement bordé par un large bourrelet dénué de stries spirales ; le maximum de l'épaisseur du labre est au milieu, il s'amincit en avant et en arrière comme le bord d'une oreille humaine. Columelle courte, arquée, munie de deux plis, l'antérieur épais contourne l'échancrure supérieure de l'ouverture et rejoint le bourrelet du labre, l'inférieur plus lamelleux et plus transverse s'atténue sur la callosité basale ; bord columellaire largement calleux, formant en arrière une gouttière, à sa jonction avec le labre, portant une dent pariétale très allongée, qui bifurque souvent du côté extérieur ; en avant, cette callosité columellaire se termine vis-à-vis de l'échancrure du contour supérieur.

Diagnose prise d'après un individu de l'espèce type, de Grignon (Pl. III, fig. 12-14), ma coll.

Observ. — C'est à tort que quelques auteurs attribuent une ouverture canaliculée aux *Ringicula*, qui sont bien holostomes, mais dont le contour supérieur est seulement échancré dans l'épaisseur de la callosité du labre. Si, comme l'affirme Stoliczka, et comme paraît l'indiquer la figure, *Ringicula labiosa*, Forbes (*Tornatella*) a bien les caractères des *Ringicula*, le nom *Aptycha* proposé par Meek pour cette espèce de l'Inde est synonyme et doit disparaître ; il aurait d'ailleurs fait un double emploi avec *Aptychus*.

Répart. stratigr.

CÉNOMANIEN.....	Une espèce très douteuse, au Mans (*R. Deshayesi*, Guér.) d'après Morlet.
TURONIEN.......	Une espèce nouvelle d'Uchaux (*R. turonensis*, Cossm.), d'après trois échantillons de ma coll. (Pl. VI, fig. 26-27). — Voir l'annexe. Autre espèce des Bains de Rennes (*R. Verneuili* d'Arch.), coll. de Grossouvre : j'ai vérifié que le labre porte bien, à l'intérieur, les denticulations caractéristiques.
SÉNONIEN........	Une espèce certaine dans le Crétacé de l'Inde (*R. acuta*, Forbes), d'après la figure donnée par Stoliczka ; autre espèce typique à Aix-la-Chapelle (*R. Hagenowi*, Mull.), d'après les figures de l'ouvrage de Holzapfel.
PALÉOCÈNE......	Une espèce bien caractérisée dans les sables d'Abbecourt et de Jonchery (*R. Cossmanni*, Morlet), ma collection.
ÉOCÈNE.........	Outre le type précité, nombreuses espèces dans le bassin anglo-parisien (*R. minor*, Desh. *Langlassei*, *Bezançoni*, *Raincourti*, Morlet), ma coll. ; dans l'Alabama (*R. biplicata*, Lea), ma coll. ; dans les Pyrénées (*R. vasca*, Tourn.), d'après la figure de l'auteur.
OLIGOCÈNE......	Une espèce typique dans l'Allemagne du Nord (*R. gracilis*, Sandb), d'après von Kœnen.
MIOCÈNE........	Une espèce typique dans le Tortonien des Landes (*R. Crossei*, Morlet), d'après la figure.
ÉPOQUE ACTUELLE.	Plusieurs espèces vivant dans les mers actuelles (*R. encarpoferens*, *denticulata*, Caron), d'après Morlet, dans sa Monographie.

RINGICULOSPONGIA, Sacco, 1892. Type : *R. Bonellii*, Desh. Mioc.

Forme de *Ringicula ;* spire très courte ; surface ornée de sillons spiraux, obliquement guillochés par de fines stries en zigzag ; ouverture allongée et très étroite ; labre denticulé à l'intérieur, bordé à l'extérieur d'un gros bourrelet qui envahit la spire et qui, comme le reste du péristome, est poncticulé par de petites perforations d'un aspect spongieux ; columelle munie de deux plis assez épais ; dent pariétale presque confondue avec la callosité columellaire.

Diagnose prise d'après des individus typiques des environs de Turin, donnés par M. Sacco (Pl. VI, fig. 11-12), ma coll.

Observ. — L'ornementation de cette coquille, la contexture spongieuse de son péristome, la forme de sa dent pariétale, justifient la séparation qu'a proposée M. Sacco; mais je ne crois pas qu'on puisse, pour des différences aussi secondaires, admettre *Ringiculospongia* comme sous-genre, c'est seulement une section à démembrer des *Ringicula* proprement dites.

Répart. stratigr.
MIOCENE . . . .   Une seule espèce type, avec plusieurs variétés, dans le Piémont (*R. pseudoringens, ovuloidea, perinflata,* Sacco), d'après les figures.

RINGICULELLA, Sacco, 1892.   Type : *R. auriculata*, Mén. Plioc.

[= *Ringiculina*, Monts., 1884, insuffis. caract.].

Forme, spire et ornementation de *Ringicula ;* ouverture très étroite en arrière, un peu plus dilatée et faiblement échancrée en avant ; péristome très épais, non spongieux ; labre incliné, non denticulé à l'intérieur, bordé à l'extérieur par un très large bourrelet; columelle à deux plis, l'antérieur très épais, ne se confondant pas exactement avec le contour supérieur ; bord columellaire très largement calleux, portant en arrière un contrefort longitudinal, plus ou moins saillant, auquel aboutit perpendiculairement la dent pariétale qui souvent se dédouble, de sorte que la coquille semble quadriplissée.

Diagnose prise d'après un individu de l'espèce type du Plaisancien de Bologne *R. auriculata*, var. *quadriplicata*, Morlet (Pl. III, fig. 7-9), ma coll.

Observ. — L'absence de denticulation au labre n'est pas le seul caractère qui justifie la séparation du sous-genre *Ringiculella :* le péristome n'a pas tout à fait la même disposition que dans les *Ringicula* proprement dites, le pli pariétal surtout est bien plus compliqué et forme une sorte de ⊣ dont la branche horizontale se dédouble quelquefois. Morlet avait établi, d'après ce dernier caractère, un très grand nombre d'espèces qu'il y a lieu de réduire dans une large mesure ainsi que l'a fait M. Sacco dans sa Monographie des fossiles du Piémont, attendu que ce sont des variations individuelles qui n'ont aucune constance.

Dans cette Monographie, M. Sacco n'a pas signalé et discuté le sous-genre *Ringiculina*, proposé dès 1884, c'est-à-dire huit ans plus tôt, pour *R. leptochila*, Brugn., sans aucune diagnose à l'appui. Comme cette espèce est, d'après M. Sacco, une forme non adulte de *R. auriculata,* var. *major*, Grat., il paraît incorrect de remplacer la dénomination *Ringiculella* qui a été bien caractérisée, par *Ringiculina* qui, quoique antérieure, ne correspond même pas à une véritable espèce complètement formée, et dont les caractères n'ont pas été précisés par son auteur. Toutefois, avant de trancher définitivement cette question de priorité, j'ai consulté la figure et la description de *R. leptochila* (Miscell. malac., 1873) : or j'ai constaté que, malgré l'assertion de Brugnone, qui affirme que son espèce est bien distincte de *R. auriculata* et qu'il n'en existe pas de plus adulte dans le même gisement, ce n'est qu'un jeune individu qui ne paraît porter que deux plis, parce que la troisième dent n'est pas complètement formée et que la callosité columellaire est encore rudimentaire, comme cela a lieu souvent par de jeunes *R. ringens* qui ont le labre mince et édenté. Il n'y a donc pas de doute possible.

Répart. stratigr.

Eocene . . . .   Une espèce très rare dans le calcaire grossier parisien (*R. Dugasti*, Morlet), ma coll.

Oligocene . . . . . .   Plusieurs espèces typiques dans l'Allemagne du Nord (*R. coarctata, aperta, seminuda,* von Kœnen), d'après les figures de l'auteur.

Miocene . . . .   Nombreuses espèces ou variétés du type, soit en Italie (*R. gigantula*, Dod., etc.), d'après les figures données par M. Sacco ; soit dans le Bordelais (*R. Baylei*, *Douvillei*, Morlet, etc.), ma coll.

PLIOCENE........ Le type et ses variétés dans le Plaisancien et l'Astien d'Italie ou des Alpes-Maritimes (*R. buccinea*, Br. *africana*, *Depontaillieri*, Morlet, etc.), ma coll.

EPOQUE ACTUELLE. Une trentaine d'espèces dans toutes les mers chaudes et tempérées, d'après P. Fischer.

RINGICULOCOSTA, Sacco, 1892.   Type : *R. costata*, Eichw. Mioc.

Taille très petite ; forme et ouverture de *Ringiculella ;* spire étagée à la suture ; surface cancellée par des cordonnets spiraux très fins et par des costules d'accroissement un peu plus écartées comme dans les *Alvania ;* dent pariétale simple et peu développée ; callosité columellaire à peine étalée en arrière ; labre muni d'un tubercule interne.

Diagnose prise d'après les échantillons types d'Eichwald, reproduction de la figure dessinée (Pl. VII, fig. 11), d'après ces échantillons communiqués par M. Sokolov.

Oberv. — Si cette coupe ne se distinguait des *Ringiculella* que par l'existence de costules axiales, et de cordonnets, au lieu de stries spirales, je ne l'aurais pas admise, même comme section de ce sous-genre ; mais il y a d'autres caractères qui, quoique d'une importance secondaire, s'ajoutent à cette différence d'ornementation, notamment la disposition scalaroïde des tours de spire, le resserrement du callus dans l'angle inférieur de l'ouverture, la dent pariétale qui est simple et transverse, le tubercule du labre, etc.

Répart. stratigr.
OLIGOCENE ...... Une espèce dans les sables d'Étampes (*R. minutissima*, Desh.), d'après la figure de l'auteur.
MIOCENE .... Le type en Volhynie et dans le Tortonien de Monte-Gibbio, d'après M. Sacco.
PLIOCENE........ Une variété du type, dans l'Astien du Piémont (*R. astensis*, Sacco), d'après l'auteur.

AVELLANA, d'Orb. 1842.

Ouverture sinueuse et subéchancrée sur le contour supérieur ; deux plis antérieurs à la columelle ; labre bordé à l'extérieur, souvent denticulé à l'intérieur.

AVELLANA, *sensu str.*   Type : *Auricula incrassata*, Sow. Cénom.

Forme globuleuse ; spire courte, à galbe conoïde ; surface ornée de côtes spirales, dont les intervalles sont décussés ou ponctués par de fines lamelles axiales ; ouverture longue, étroite en arrière, peu dilatée en avant, avec une sinuosité subéchancrée sur son contour supérieur ; labre rectiligne, à peu près vertical, épaissi et souvent réfléchi, denticulé ou quelquefois fortement denté à l'intérieur, bordé à l'extérieur par un large bourrelet aplati dont la surface ne porte que quelques sillons d'accroissement régulièrement écartés. Columelle courte, excavée, munie de deux gros plis lamelleux et distants ; bord columellaire calleux, recouvrant presque entièrement la fente ombilicale, muni en arrière d'une dent pliciforme ou même d'un renflement peu saillant, contournant en avant l'échancrure supérieure, pour faire sa jonction avec le bourrelet du labre.

Diagnose prise d'après l'espèce type, complétée d'après un individu d'une espèce voisine, *A. dubia*, Br. et Corn. de la meule de Bracquegnies (Pl. III, fig. 15-17), ma coll.

Observ. — Contrairement à l'opinion de Meek (Cret. Upper Missouri 1876), je ne crois pas qu'on doive classer *Avellana* comme sous-genre de *Cinulia*, dont le nom est antérieur, mais dont les caractères sont bien différents, comme on le verra plus loin. La séparation, d'ailleurs motivée, de ces deux genres permet de conserver la dénomination de d'Orbigny, qui tomberait en synonymie dans l'hypothèse de Meek.

Les *Avellana* se distinguent des *Ringicula* par leur ouverture moins profondément échancrée, par leur ornementation décussée, par la disposition du pli antérieur qui s'arrête subitement à la limite du bord columellaire, tandis que, dans les *Ringicula*, le pli est dans le prolongement du bourrelet qui contourne l'échancrure et rejoint le labre ; au contraire, le bord columellaire qui, dans les *Ringicula*, se termine à l'échancrure sous le prolongement du pli, est chez les *Avellana*, le prolongement du bourrelet du contour supérieur : la disposition est donc exactement inverse dans ces deux genres.

Répart. stratigr.	
ALBIEN..........	Plusieurs espèces, outre le type, dans le Gault d'Angleterre, de France ou de Suisse (*A. subincrassata, dupiniana, hugardiana,* d'Orb.), d'après les figures de la Paléont. française.
CÉNOMANIEN.....	Nombreuses espèces, outre le type, en France et en Angleterre (*A. cassis, mailleana,* d'Orb, etc.) ; en Belgique soit dans la Meule (*A. dubia*), ma coll., soit dans la Tourtia (*A. Prevosti* d'Arch.), coll. du Musée de Dijon.

RINGINELLA, d'Orb. 1842.   Type : *R. clementina,* d'Orb. Gault.

[= *Stomatodon,* Seeley 1861, insuffis. caract.]

Forme ovoïdo-conique ; spire allongée, pointue, à galbe conique ; surface ornée de sillons écartés et finement ponctués ; ouverture courte, anguleuse en arrière, dilatée en avant, avec une sinuosité subéchancrée sur le contour supérieur ; labre épaissi par un très large bourrelet aplati, non dentelé à l'intérieur ; columelle peu excavée, munie de deux plis lamelleux, l'antérieur bifide, le postérieur assez écarté de l'autre, tous deux se terminant à la limite du bord columellaire, qui est dans le prolongement du contour supérieur.

Diagnose prise d'après des individus typiques de Saint-Florentin (Pl. III, fig. 28-30), coll. de l'École des Mines).

Observ. — Ce sous-genre se distingue des *Avellana* par sa spire pointue et plus allongée, par son ornementation, par son pli antérieur bifide, par l'absence de callosité et de pli pariétal dans l'angle inférieur de l'ouverture ; des *Triploca* qui ont trois plis bien distincts, par ses deux plis qui ne paraissent être au nombre de trois que quand l'antérieur est bien divisé en deux, et par son large bourrelet au labre. C'est dans ce sous-genre qu'il me semble prudent de classer le moule à peu près indéterminable du grès vert de Cambridge, auquel Seeley a donné le nom *Stomatodon*, avec cette seule différence que les deux plis columellaires sont placés plus au milieu ; quant à l'ouverture de cette coquille, si elle a paru holostome à l'auteur, c'est que, comme le fait remarquer Stoliczka, tous. les moules internes d'*Avellana* ont le même aspect.

Répart. stratigr.

NÉOCOMIEN...... Plusieurs espèces en France (*Actæon albensis*, d'Orb., etc.), d'après les figures de la Paléont. française.

APTIEN.......... Une espèce du gisement de Sainte-Croix (*Avellana aptiensis* Pict. et Camp.), d'après les figures de ces auteurs et d'après un échantillon médiocre de la coll. du Musée de Genève.

ALBIEN.......... Plusieurs espèces, outre le type, en France, en Angleterre et en Suisse (*Tornatella lacryma*, Mich., *inflata*, Fitton), coll. de l'Ecole des Mines et du Musée de Dijon (*Avellana alpina*, Pict. et Roux), coll. du Musée de Genève.

CINULIA, Gray, 1840.

Ouverture faiblement sinueuse à la base ; un seul pli columellaire ; labre bordé d'un bourrelet étroit, lisse à l'intérieur.

CINULIA, *sensu stricto*. Type : *Auricula globulosa*, Desh. Néoc.

Forme globuleuse ; spire courte, subitement effilée en pointe au sommet, à galbe extra-conique ; dernier tour subanguleux en arrière, ovale à la base, orné de stries spirales et ponctuées ; ouverture étroite et arquée, à peine sinueuse sur son contour supérieur ; labre épais, bordé à l'extérieur d'un étroit bourrelet, lisse à l'intérieur ; columelle très courte, avec un pli très oblique dont le prolongement se raccorde avec le péristome, sur le bord antérieur de l'ouverture, bord columellaire peu calleux en arrière, dénué de dent pariétale.

Diagnose prise d'après la figure du type, dans la Paléont. française,
reproduite (Pl. VII, fig. 17).

Observ. — Il y a d'importantes différences entre ce genre et les *Avellana* : d'abord le nombre des plis, puis la disparition à peu près complète de l'échancrure antérieure, enfin le labre moins largement bordé. Dans les *Cinulia* proprement dites, le pli se raccorde au péristome, et le bord columellaire est peu calleux et ne porte pas de dent pariétale ; quant aux *Ringinella* qui ont ce dernier caractère commun avec les *Cinulia*, le pli supérieur, d'ailleurs bifide, ne se confond pas avec le contour ; enfin, la forme pointue de la spire écarte complètement les *Cinulia* des deux autres coupes.

Répart. stratigr.

Néocomien......   Une espèce, type du genre, d'après la Paléontologie crétacée.

Cénomanien.....   Une espèce douteuse, à Cassis (*Actæon ovum*, Duj.), d'après la Paléont. française.

OLIGOPTYCHA, Meek, 1876.

Type : *Actæon concinnus*, Hall et Meek. Crét.

Forme globuleuse ; spire courte, déprimée, obtuse ; surface ornée de stries spirales, fines et ponctuées ; ouverture auriforme, à peine sinueuse à la base ; labre bordé d'un étroit bourrelet à l'extérieur, lisse à l'intérieur ; columelle très courte, excavée, avec un seul pli transverse, très saillant, limité au contour du bord columellaire, qui est calleux et s'étend dans l'angle inférieur de l'ouverture.

Diagnose prise d'après la figure de l'ouvrage Meek et Hayden,
reproduite (Pl. VII, fig. 15).

Observ. — Par sa forme générale, ce sous-genre se rapproche des *Avellana* ; mais son bourrelet étroit et lisse à l'intérieur, son unique pli columellaire, la disparition de l'échancrure basale, me paraissent justifier le classement des *Oligoptycha* près du genre *Cinulia* ; ils s'en distinguent toutefois par la disposition du pli qui est presque horizontal (si la figure est bien exacte), beaucoup plus saillant, et qui ne se raccorde pas avec le contour supérieur, par la callosité columellaire plus développée, enfin par la forme de la spire, qui n'est pas pointue.

Répart. stratigr.

SENONIEN . . . .   Une espèce type, provenant des couches crétacées supérieures du Missouri, c'est-à-dire à peu près l'équivalent de la Craie de Maëstricht.

GILBERTIA, Morlet em. 1888.

[*non Gilbertinia, dedic.* Gilbert *nec* Gilbertin.]

Ouverture non sinueuse à la base, mais latéralement versante; labre muni de deux tubercules; callosité columellaire très développée, avec deux plis antérieurs transverses et une côte pariétale longitudinale.

GILBERTIA, *sensu stricto.*   Type: G. *inopinata*, Morl. Paléoc.

Forme globuleuse; embryon à peine dévié, à nucléus probablement hétérostrophe, mais empâté dans une minuscule excavation; spire très courte; surface ornée de stries spirales fines et écartées; ouverture auriforme, sans échancrure ni sinuosité sur son contour supérieur; labre épais, presque vertical, renversé à gauche de l'axe, du côté antérieur, muni d'un large bourrelet extérieur qui porte quelques stries irrégulières d'accroissement et deux tubercules dentiformes à l'intérieur. Columelle courte, excavée, avec deux plis spiraux et lamelleux, très rapprochés; bord columellaire fortement calleux, s'étendant sur une partie de la base qui est déprimée, creusé par une dépression latérale et versante vis-à-vis des plis columellaires, rejoignant en avant le bourrelet du contour supérieur de l'ouverture, muni en arrière d'une longue côte pariétale parallèle à son contour et faisant un angle très aigu avec le pli columellaire inférieur.

Diagnose prise d'après des individus typiques de Jonchery (Pl. III,
fig. 18-20) ma coll.

Observ. — Après un nouvel examen de cette singulière coquille, je n'hésite pas à reconnaître que j'ai fait erreur en proposant (Catal. Eoc. IV,
p. 351) de la rapprocher des *Pedipes*, et en soutenant cette opinion (Bull.
Soc. malac. Belg., XXVI, 3 oct. 1891), contre M. E. Vincent, qui la clas-
sait au contraire dans les *Ringiculidæ*. C'est, en effet, dans cette dernière
famille qu'est sa véritable place, auprès des *Avellana*, ou plutôt des
Eriptycha : la disposition de l'embryon que j'ai enfin pu observer intact,
l'enroulement des plis columellaires, qui ne sont pas de simples dents,
contrairement à ce que j'avais cru observer, la côte pariétale qui ne ressemble pas à la dent des *Pedipes*, enfin la dépression versante de l'ouverture à la base, remplaçant l'échancrure des *Ringicula* ou la sinuosité des
Avellana, justifient cette conclusion. Toutefois le genre *Gilbertia* mérite
d'être distingué des *Avellana*, à cause de ses tubercules labiaux, de son
ouverture non sinueuse en avant et de sa côte pariétale ; ainsi que des
Cinulia, à cause de ses plis columellaires, de sa côte pariétale, de sa
callosité basale, de son labre plus largement bordé et intérieurement
tuberculeux, de sa spire non mucronée.

Répart. stratigr.
Paleocene........ Outre le type de la Marne une espèce bien caracté-
                     risée à Copenhague (*Cinulia ultima*, v. Kœn.) d'a-
                     près la figure de l'auteur, et une espèce probable-
                     ment différente du type (*Avellana tertiaria*, Vinc.)
                     d'après la citation de l'auteur.

ERIPTYCHA, Meek, 1876.

[*Euptycha*, Meek 1863, *non* Hübner 1816.]

Ouverture très étroite, subcanaliculée à la base ; labre bordé
d'un étroit bourrelet, intérieurement tuberculeux ; un pli columellaire parfois bifide et une dent pariétale très variable.

Eriptycha, *sensu str.*   Type : *Auricula decurtata*, Sow. Turon.

Forme globuleuse, subsphérique ; spire courte ; ornementation
d'*Avellana* ; ouverture arquée très étroite, grimaçante quand la

coquille est adulte, non sinueuse sur son contour supérieur, mais étroitement subcanaliculée par une étroite échancrure entaillée aux dépens de l'épaisseur du péristome ; labre épais, presque vertical, un peu incliné à gauche de l'axe, du côté antérieur, bordé à l'extérieur par un bourrelet assez étroit, surtout en arrière, portant à l'intérieur plusieurs tubercules dentiformes en avant et de fines crénelures du côté postérieur. Columelle très courte, excavée, munie d'un gros pli lamelleux, presque toujours bifide, qui se prolonge et se tord sur le contour supérieur de l'ouverture, dont il est séparé par l'échancrure superficielle déjà mentionnée : bord columellaire large et calleux, avec une dent pariétale à peine indiquée sur les jeunes individus, lamelleuse et saillante, quelquefois échancrée en deux protubérances, dans les individus adultes.

Diagnose prise d'après des individus typiques des Bains de Rennes (Pl. VI, fig. 1-3) coll. de Grossouvre ; autre forme voisine, *E. Humboldti*, Mull., individu non adulte de Vaels (Pl. III, fig. 10-11) coll. de l'École des Mines.

Observ. — Il n'y a pas lieu d'attacher une importance capitale aux variations de la dent pariétale, car on risquerait de créer des sections distinctes selon l'âge de l'individu qu'on étudie ; l'échancrure basale et l'absence d'une véritable costule pariétale distinguent ce genre des *Gilbertia* qui s'en rapprochent le plus ; les *Eriptycha* s'écartent, d'autre part, des *Cinulia* et des *Avellana* par leur plication, par leur labre tuberculeux et par leur contour supérieur non sinueux. L'échantillon de Vaels que j'ai fait photographier (Pl. III) ne ressemble guère au type (Pl. VI) ; cependant, si l'on se reporte aux excellentes figures données par M. Holzapfel (Aachener Kreide, Pl. VI, fig. 19-22), et qui représentent quatre individus tous différents, on constate qu'il faut admettre une très grande variabilité dans la plication columellaire des espèces de ce genre, selon l'âge, et souvent sur la même espèce.

Répart. stratigr.

Neocomien . . . . . . Une espèce probable dans l'Aube (*Act. ringens*, d'Orb.) d'après la Paléont. française.

Turonien . . . . Le type à Gosau (Tyrol), d'après les figures de Zekeli ; individus bien conformes des Bains de Rennes, coll. de Grossourve.

Senonien . . . . . : Trois espèces bien caractérisées, dans le Crétacé supérieur de l'Inde (*E. globata, larvata,* Stol. *oviformis,*
Forbes) d'après les figures de l'ouvrage de Stoliczka ;
probablement aussi *Avellana scuptilis,* Stol. ; une
espèce dans les grès d'Aix-la-Chapelle (*Cinulia
Humboldti,* Muller) d'après les figures de l'ouvrage
de Holzapfel, et d'après un individu non adulte de
la coll. de l'École des Mines.

PHILINIDÆ

Coquille mince, complètement interne ; ouverture très découverte, spire incomplètement enroulée autour d'un axe fictif.

Tableau des genres, sous-genres et sections

PHILINE
| PHILINE
| | *Ossiania*
                   MEGISTOSTOMA
                   HERMANIA

Genres et sous-genres non signalés à l'état fossile

CHELINODURA, Ad. 1850 ; PHANEROPHTALMUS, Ad. 1850 ; CRYPTOPHTALMUS,
Ehr. 1831 ; JOHANIA, Monts. 1884 ; PHILINOPSIS, Pease 1860.

PHILINE, Ascanius, 1772.

[= *Bullæa,* Lamk. 1801 ; = *Lobaria,* Mull. 1776 ; = *Utricu-
lopsis,* Sars 1870 ; = *Laona,* Ad. 1865 ; *sec.* P. Fischer.]

PHILINE, *sensu stricto.*   Type : *Bulla aperta,* Lin. Viv.

Forme d'un *Scaphander* déroulé ; spire formée d'un cornet faisant une seule révolution, imperforée au sommet ; surface dorsale
lisse, striée en spirale, ou plissée par les accroissements ; ouver-

ture formant toute la coquille, laissant apercevoir l'enroulement rudimentaire de la spire; labre arrondi, dépassant à peine le sommet, se raccordant par une sinuosité avec le callus de l'extrémité inférieure du bord columellaire qui est très mince et peu étalé sur la base.

Diagnose prise d'après un individu de l'espèce type de la Méditerranée
(Pl. VI, fig. 13) ma coll.

Répart. stratigr.

PLIOCENE........ Une espèce dans le Crag (*B. catena*, Mont. *sub. nom. B. sculpta.*, Wood) d'après les figures de l'ouvrage de Wood ; la même dans la Calabre, d'après Séguenza.

EPOQUE ACTUELLE. Vivant dans toutes les mers, d'après P. Fischer et Dall.

OSSIANIA, Mont 1884.   Type : *Bullæa quadrata*, Wood. Plioc.

Forme quadrangulaire; dernier tour coudé au milieu ; surface finement ornée en spirale ; ouverture presque rectangulaire, à coins arrondis; labre un peu déprimé, dépassant à peine le sommet; bord columellaire mince et étroit, très excavé au milieu.

Diagnose prise d'après les figures de l'ouvrage de Wood,
reproduites (Pl. VII, fig. 3).

Observ. — Cette section ne me paraît différer des *Philine* que par sa forme extérieure ; mais je ne puis la supprimer, n'ayant pas l'espèce type sous les yeux.

Répart. stratigr.

PLIOCENE........ Une espèce type dans le Crag d'Angleterre, d'après les figures de Wood.

EPOQUE ACTUELLE. Une espèce de la Méditerranée (*Philine Monterosatoi*, Jeffr.) d'après Monterosato.

MEGISTOSTOMA, Gabb. 1864.   Type : *M. striatum*, Gabb. Paléoc.

Forme et spire de *Philine ;* bord columellaire calleux ; labre prolongé en arrière et formant une digitation parfois aiguë, avant de se raccorder au sommet.

Diagnose prise d'après un plésiotype possible du bassin de Paris, *Bullæa expansa*, Desh. (Pl. V, fig. 7-8), du Fayel, ma coll.

Observ. — Ce sous-genre ne se distingue des *Philine* que par deux caractères constants, qui ont une importance secondaire, la digitation du labre et l'épaississement du bord columellaire ; dans ces conditions, comme *Megistostoma* n'est pas un genre distinct de *Philine*, le type *M. striatum* doit changer de nom spécifique, pour éviter le double emploi avec *P. striata*, Desh. du calcaire grossier parisien : je propose *M. Gabbi*, nob. Les couches dans lesquelles a été recueillie cette espèce n'appartiennent pas à la Craie, mais à la base de l'Eocène, d'après White.

Répart. stratigr.

SENONIEN........   Une espèce très douteuse dans la Craie de Syrie (*M. patulum*, Whitf.) ; la figure n'indique ni digitation labiale, ni épaississement columellaire.

PALEOCENE ......   L'espèce type en Californie, d'après P. Fischer qui y assimile les fossiles parisiens.

EOCENE ....   Plusieurs espèces bien caractérisées dans le bassin de Paris (*Bullæa striata, excavata, expansa, Vaudini*, Desh., *Philine corrugata*, Cossm.) ma coll. ; dans le Vicentin (*Bullæa Meneghinii*, Bayan.) coll. de l'École des Mines.

MIOCENE........   Une espèce dans l'Allemagne du Nord (*P. complanata*, v. Kœn.) d'après les figures de l'auteur.

PLIOCENE........   Une espèce certaine dans le Plaisantin (*Bullæa rostrata*, Desh.) coll. de l'École des Mines.

HERMANIA, Monteros. 1884.   Type : *Bullæa scabra*, Mull. Viv.

[*non Hermannia*, Nic. Arachn. 1855.]

Forme étroite et allongée ; spire incomplètement enroulée, apparente, obtuse et excavée au sommet ; dernier tour cylindro-conique, élégamment guilloché par des chaînettes alternant avec des stries, qui prennent en avant une direction divergente, parallèle au bord columellaire. Ouverture étroite en arrière, très dilatée en avant, laissant apercevoir l'impression musculaire à l'intérieur du labre qui est échancré près de la suture ; bord columellaire très mince, peu distinct.

Diagnose prise d'après la description et la figure de l'ouvrage de Wood, reproduite (Pl. VII, fig. 1-2).

Observ. — Cette coquille ressemble plus à un *Scaphander* qu'à une *Philine*, dont elle s'écarte par sa forme moins déroulée, par son ornementation et par sa spire apparente : elle s'y rattache cependant par la minceur du test et par les caractères de l'animal. Je n'ai pu étudier l'espèce type.

Répart. Stratigr.

MIOCENE . . . .   Deux espèces probables dans l'Allemagne du Nord (*Philine intermedia* et *rotundata*, v. Kœn.) d'après les figures de l'auteur.

PLIOCENE . . . .   Le type dans le Crag d'Angleterre, d'après les figures.

EPOQUE ACTUELLE.   La même espèce vivant sur les côtes d'Ecosse, dans la Méditerranée et l'Adriatique, d'après Monterosato.

APLYSIIDÆ

Coquille interne, mince, plus ou moins translucide, ayant la forme d'une lamelle à peine courbée ; le côté du sommet et l'enroulement de la spire représenté par un épaississement plus ou moins calleux du bord.

Tableau des genres, sous-genres et sections

DOLABELLA.

Genres et sous-genres non signalés à l'état fossile

APLYSIA. Lin. Les individus qui ont été cités par Philippi (*A. grandis* et *deperdita*) dans le Pliocène de la Sicile, ne sont que la couche interne de certains *Pectunculus* ou *Lucina* très abondants, et se dédoublant quelque-fois, d'après la note publiée par Depontaillier (Journ. Conch.).

APLYSIELLA, Fischer 1872 ; SIPHONOTUS, Ad. 1850; (*non* Brandt, nom changé en *Syphonota* H. et A. Adams, qui grammaticalement est identique); DOLABRIFER, Gray 1847; NOTARCHUS, Cuvier; ACLESIA, Rang 1828; STYLOCHILUS, Gould 1852; PHYLLAPLYSIA, Fisch. 1872, coquille inconnue ?

DOLABELLA, Lamk, 1801.

DOLABELLA, *sensu stricto.*   Type : *D. Rhumphii*, Cuvier. Viv.

Forme de *Megistostoma* encore plus déroulée et entièrement ouverte, représentant à peu près une doloire gauchie ; spire tout à fait encroûtée par l'épaississement du bord columellaire ; labre un peu courbé, muni en arrière d'une saillie subdigitée, au-delà de laquelle le contour inférieur est profondément entaillé et porte un petit rebord très étroit.

Diagnose prise d'après un individu de l'espèce type, de la Nouvelle-Calédonie (Pl. V, fig. 12-13) ma coll.

Répart. stratigr.

MIOCÈNE . . . . Une espèce peu certaine dans le Tertiaire de la Floride (*D. Aldrichi*, Dall), d'après un simple fragment plus enroulé en spirale et moins aplati que le type vivant ; reproduction de la figure donnée par l'auteur (Pl. VII, fig. 14).

ÉPOQUE ACTUELLE. Vivant dans la Mer Rouge, l'Océan indien, l'Océan Pacifique, d'après P. Fischer, une dizaine d'espèces, d'après le catalogue de Pætel.

OXYNOEIDÆ

Coquille cartilagineuse, non susceptible de se conserver à l'état fossile ; dans ces conditions, bien qu'il existe une certaine analogie de forme entre les *Oxynoe* et les *Acera*, il ne paraît pas qu'il y ait lieu d'y rapporter aucune forme paléontologique.

PLEUROBRANCHIDÆ, RUNCINIDÆ

Coquille membraneuse ou absente, non susceptible de fossilisation.

UMBRELLIDÆ

Coquille patelliforme, ovale, à sommet subcentral, à nucléus sénestre ; impression musculaire continue.

Tableau des genres, sous-genres et sections

UMBRELLA.
TYLODINA.

Genre non signalé à l'état fossile

JOANNISIA Monteros. 1884 (Type : *Tylodina citrina*, Joannis = *Umbrella patelloides*, Cantr.).

UMBRELLA, Chemn, 1788.

[= *Acardo* Lamk., 1801, *non* Brug., 1791. = *Umbraculum*,
Schum., 1817. = *Gastroplax*, Blainv., 1819.
= *Umbrella*, Lamk., 1819.]

UMBRELLA, *sensu stricto.*   Type : *U. chinensis*, Chemn. Viv.

Forme aplatie, plus ou moins régulière ; embryon capuliforme,
placé presque au milieu ; surface extérieure lisse, sillonnée par
des accroissements irréguliers, mal nivelée ; surface interne
rayonnée au centre; impression musculaire formant un ruban concentrique assez large, plus écartée du bord aux extrémités que
sur les côtés latéraux.

Diagnose prise d'après un plésiotype fossile des sables d'Aizy,
U. laudunensis, Desh. (Pl. V, fig. 9-10) ma coll.

Observ. — Ainsi que l'a fait observer M. Dall, (Explor. gulf Mexique,
p. 60), la dénomination *Umbrella* n'a été régulièrement adoptée par Lamarck qu'en 1819. Dans son cours, en 1809, il s'est borné à employer le
nom « l'Ombrelle » qui n'est ni latinisé, ni accompagné d'une diagnose;
dans l'intervalle Schumacher ayant publié la description de son genre
Umbraculum qui s'applique aux mêmes coquilles, cette dénomination
devrait prévaloir, d'après M. Dall. Mais le nom *Umbrella* était adopté anté-
rieurement même au cours de Lamarck : on le trouve déjà dans Chemnitz,
en 1788, appliqué à la même espèce comme type (*Patella umbellata*, Gm.);
il n'est donc pas possible de reprendre le nom *Umbraculum* qui se trouve,
en fait, postérieur à *Umbrella*, *non* Lamk. *sed* Chemnitz.

Répart. stratigr.
EOCENE . . . .   Le plésiotype ci-dessus signalé dans le bassin de Paris.
OLIGOCENE . . . . . .   Une espèce très douteuse, dont la surface interne n'a
pu être étudiée, dans l'Allemagne du Nord (*U. plica-
tula*, von Kœn.) d'après la figure donnée par l'auteur.
PLIOCENE. . . . .   Une espèce dans la Haute Italie (*U. elongata*, Mich.)
d'après Zittel; dans le Plaisantin et en Sicile (*U.
mediterranea*, Lamk.) d'après Philippi et Monterosato.

Epoque actuelle. Deux espèces vivant dans la Méditerranée et l'Océan indien, aux Canaries, d'après P. Fischer; dans la mer des Antilles, d'après Dall.

TYLODINA, Rafinesque, 1814.

Tylodina, *sensustricto*. Type: *T. punctulata*, Rafinesque. Viv.

Coquille conique, déprimée, ovale ; sommet subcentral; impression musculaire continue ; bords feuilletés, fendillés, membraneux.

Diagnose reproduite d'après P. Fischer, reproduction de la figure donnée par Tryon (Pl. VII, fig. 13).

Répart. stratigr.

Pleistocene..... Une espèce citée par Philippi en Sicile (*T. Rafinesquei*, Phil.).

Epoque actuelle. Quatre espèces vivant dans la Méditerranée, sur les côtes de Norvège et de Californie, d'après P. Fischer, et d'après le Catalogue de Pætel.

NUCLEOBRANCHIATA

PTEROTRACHÆIDÆ

CARINARIA, Lamk. 1801.

Carinaria, *sensu stricto*. Type : *C. vitrea*, Lamk. Viv.

Coquille vitreuse et fragile, cupuliforme ; nucléus dextrogyre, héliçoïdal, multispiré, carène dorsale dentelée ; accroissements régulièrement costulés ; ouverture grande, à bord simple.

Diagnose reproduite d'après P. Fischer; plésiotype fossile
du Piémont, *C. Hugardi*, Bell. reproduction de la figure (Pl. VII, fig. 9).

Répart. stratigr.

MIOCÈNE . . . . Deux espèces dans les environs de Turin (*C. Hugardi*
                        Bell. et *Pareti*, Mayer) d'après Bellardi et Zittel.
PLIOCÈNE. . . . . Une espèce à Trapani (*C. peloritana*, Seguenza).
EPOQUE ACTUELLE.   Huit espèces vivant dans la Méditerranée, l'Atlantique,
                        l'Océan indien, les mers de Chine, d'après P. Fis-
                        cher.

Genres et sous-genres non signalés à l'état fossile

PTEROTRACHÆA, Forskal, 1785 (= *Firola*, Brug. 1792)   pas de coquille.
FIROLOIDA, Lesueur, 1817 (= *Firolella*, Troschel, 1855)   pas de coquille.
CARDIAPODA, d'Orb. 1839 (= *Carinaroida*, Souleyet 1852)   coquille microsc.
CEROPLEURA, d'Orb. 1841, d'après P. Fischer . . . .   pas de coquille.

ATLANTIDÆ

Coquille mince, spirale, discoïde, operculée ; embryon saillant.

ATLANTA, Lesueur, 1817.

[= *Steira*, Eschholtz, 1825, d'après P. Fischer,
non Steira, Westw., 1837.]

ATLANTA, *sensu stricto*.   Type : *A. Peroni*, Lesueur. Viv.

Forme comprimée ; sommet dextre, formant un petit nucléus
du côté droit ; tours en contact ; carène dorsale très saillante ; ouverture ovale, étroite, profondément échancrée au-dessus de la
carène, à bord simple et tranchant ; opercule spiral, portant un
petit nucléus spiral, à spire dextre.

Diagnose reproduite d'après le Manuel de P. Fischer.

Répart. stratigr.

MIOCENE .... Une espèce dans le Tertiaire de Saint-Domingue (*A. cordiformis*, Gabb.), le type au Musée de Philadelphie, n'a pas été figurée (Dall. *in litt.*) ; autre espèce très douteuse, non nommée, à Polnisch-Ostrau, d'après Kittl.

EPOQUE ACTUELLE. Environ 40 espèces.vivant dans les parties chaudes de l'Atlantique, la Méditerranée, l'Océan Pacifique, d'après P. Fischer.

EOATLANTA, Cossm., 1889.

Test translucide ; tours déroulés, à section circulaire, dépourvus de carène.

EOATLANTA, *sensu stricto.*

Type : *Cyclostoma spiruloides*, Lamk. Eoc.

Forme d'une corne d'abondance ; nucléus embryonnaire légèrement saillant ; tours arrondis, détachés, ornés de fines stries annulaires et marqués, de place en place, par des accroissements assez réguliers.

Diagnose faite d'après un échantillon typique de Grignon
(Pl. VI, fig. 6-7) ma coll.

Observ. — Par la minceur de son test et par la disposition de son sommet dextrogyre, cette singulière coquille paraît appartenir à la famille *Atlantidæ*, quoiqu'elle n'ait pas la carène dorsale des *Atlanta*, ni l'échancrure de l'ouverture ; elle ressemble aussi aux *Spirula*, mais elle est dénuée de cloisons internes.

Répart. stratigr.

EOCENE .... Une seule espèce connue et très rare, dans le calcaire grossier parisien.

Genre non signalé à l'état fossile

Oxygyrus, Bensar, 1837. (= *Ladas*, Cantr. 1841 = *Helicophlegma*, . d'Orb. 1839 = *Brownia*, d'Orb. 1841, d'après Pætel).

PULMONATA
(Thalassophila)

SIPHONARIIDÆ

Coquille patelliforme, dissymétrique ; impression de l'adducteur de la coquille interrompue par un sinus latéral correspondant à l'orifice pulmonaire et situé du côté antérieur.

Tableau des genres, sous-genres et sections

SIPHONARIA
|
|
ANISOMYON

Siphonaria
Williamia

Sous-genre non signalé à l'état fossile

Liriola, Dall, 1870 ; coquille très mince.

SIPHONARIA, Sow. 1824.

[= *Liria*, Gray, 1824 ; = *Trimusculus*, Schmidt.]

Siphonaria, *sensu stricto.*   Type : *S. sipho*, Sow. Viv.

Test solide ; forme ovale ou arrondie ; sommet obtus, placé au centre ou un peu en arrière ; surface ornée de côtes rayonnantes qui produisent le plus souvent des festons ou même des digitations, sur les bords de l'ouverture ; impression musculaire en fer à cheval, dont les deux extrémités antérieures sont réunies par un sillon superficiel qui correspond à la ligne d'attache du manteau de la coquille ; la branche de gauche (quand on regarde l'intérieur, le côté antérieur orienté vers le haut) est interrompue par une gouttière plus ou moins profonde, qui part du centre et aboutit au bord en y produisant une faible saillie du contour : au-dessous de cette gouttière, la branche gauche, plus courte que l'autre, est terminée en massue ; au-dessus de la gouttière est un lobe isolé, relié par le sillon horizontal avec la branche droite, dont l'extrémité antérieure ne s'élargit pas.

Diagnose d'après un plésiotype fossile du bassin de Paris, *S. spectabilis*, Desh. de Valmandois (Pl. V, fig. 17-19) coll. Bernay.

Répart. stratigr.

PALEOCENE ...... Une espèce bien caractérisée, à Chenay (Marne) dans les sables de Bracheux (*S. Laubrierei*, Cossm.) ma collection.

EOCENE .... Une espèce dans le Suessonien (*S. liancurtensis*, Cossm.) coll. Chevalier ; quatre espèces dans le Bartonien (*S. spectabilis, costaria, crassicosta*, Desh.) ma coll. (*S. glabrata*, de Rainc.). coll. de l'Ecole des Mines ; aucune espèce signalée au niveau intermédiaire du calcaire grossier.

MIOCENE .... Une espèce inédite dans le Bordelais, coll. Degrange-Touzin et *S. subcostaria*, d'Orb. citée par Benoist ; autre espèce signalée par Dollfus et Dautzenberg dans leur liste des faluns de Touraine (*Siph. Tournoueri*, D. D.) ; autre espèce dans les couches de Sibérie (*S. penginæ*, Dall).

EPOQUE ACTUELLE. Nombreuses espèces vivant dans les mers australes et une au sud de l'Europe, d'après P. Fischer.

Williamia, Monteros.   Type : *Patella Gussoni*, Costa. Viv.

[= *Scutulum*, Monts. *non* Tournouer, 1869 ; = *Allerya*,
Mörch, 1877, *non* Bourg., 1876 ; = *Parascutum*, Cossm., 1892.]

Test mince ; forme irrégulière ; sommet subcentral, un peu
recourbé et même spiral sur les jeunes individus ; surface extérieure souvent rayonnée ; impression musculaire interrompue, à
branches très inégales, non reliées : celle de droite est étroite et
se prolonge plus que celle de gauche qui, plus élargie, ne s'élève
qu'à la moitié de la hauteur ; lobe très obsolète ou indistinct ; sillon pulmonaire à peine indiqué.

> Diagnose prise d'après le plésiotype fossile du calcaire grossier de
> Chaumont (*Umbrella Raincourti*, Cossm. (Pl. V, fig. 20-21), coll.
> Bourdot.

Observ. — Ce sous-genre se distingue des *Siphonaria* proprement
dites, non seulement par la consistance du test qui est beaucoup plus mince,
mais surtout à cause de la forme de l'impression musculaire, dont les
branches asymétriques ne sont reliées par aucune ligne de jonction ; le
lobe est invisible ou confondu avec la branche de gauche, et le sillon pulmonaire est beaucoup moins perceptible entre ce lobe et la branche gauche.
Si la figure donnée par MM. Dollfus et Dautzenberg, dans les Mollusques
du Roussillon, pour *W. Gussoni*, est exacte, l'interruption de l'impression
musculaire est à droite, quand on regarde l'intérieur de la coquille, c'est-
à-dire que cette interruption est juste à l'opposé de la position qu'occupe
le sillon pulmonaire dans les *Siphonaria*; mais cette différence n'a pas
l'importance qu'on pourrait lui attribuer au premier abord, attendu que,
pour la désignation de côté droit ou côté gauche, tout dépend de l'orientation qu'on donne au sommet : or ces auteurs ont placé le sommet du côté
antérieur ; en retournant au contraire la coquille, de manière que le côté
postérieur soit le plus court, le sillon pulmonaire reprend la place qu'il
occupe normalement dans les *Siphonariidæ*, c'est-à-dire le côté gauche, et
dans ces conditions, l'individu de l'Eocène que j'ai rapporté au même sous-
genre, présente la même disposition.
  Si cependant l'on constatait ultérieurement quelques différences, soit
dans la structure de l'impression musculaire, soit dans la position du sommet, il y aurait lieu d'appliquer à *U. Raincourti* le nom *Parascutum* que
j'avais proposé pour corriger le double emploi de *Scutulum*, sans me douter
que cette correction avait déjà été faite par M. de Monterosato.

Siphonaria

Répart. stratigr.

EOCENE . . . . Une espèce, plésiotype ci-dessus signalée.

OLIGOCENE . . . . . . Une espèce, à impression discontinue, dans l'Allemagne du Nord (*Umbrella rugulosa*, v. Kœn.) d'après la figure de l'auteur.

EPOQUE ACTUELLE. L'espèce type vivant dans la Méditerranée, l'Adriatique, et l'Atlantique, d'après Monterosato.

ANISOMYON, Meek et Hayden, 1876.

ANISOMYON, *sensu stricto*.

Type : *Helcion patelliformis*, M. et H. Crét.

Test mince ; forme patelloïde, obliquement conique ; base ovale ou circulaire, à bords simples ; surface extérieure à peu près lisse, quelquefois marquée de lignes d'accroissement et de faibles stries rayonnantes ou d'une arête postérieure ; sommet élevé, recourbé, non spiral, presque central ou placé à la moitié de la distance entre le milieu et le bord antérieur. Impression musculaire en fer à cheval très élargi, interrompue du côté antérieur, où ses deux branches très inégales sont reliées par une ligne passant à peu près sous le sommet ; la branche de droite (située à gauche quand on regarde le moule interne de l'espèce type) est la plus allongée, et se termine par un crochet ovale ; celle de gauche est interrompue assez en arrière, de sorte que le lobe isolé, s'il existe, devait être étroit et allongé ; sillon pulmonaire indistinct, rayonnant du côté postérieur, en admettant qu'il était tracé entre ce lobe et la branche de gauche.

Diagnose refaite d'après les figures de l'ouvrage de Meek sur la Craie du Missouri ; reproduction de la vue, en plan, du moule de l'espèce type (Pl. VII, fig. 18).

Observ. — L'étude de l'impression musculaire et du sommet de ces coquilles ne permet pas de les classer dans les *Patellidæ*, et c'est avec raison que Meek les rapproche des *Siphonariidæ*. Il y a toutefois, entre elles et les *Siphonaria*, des différences assez profondes pour motiver la

création d'un genre distinct : surtout la direction du sillon pulmonaire qui
devait probablement rayonner du côté le plus court, en s'écartant de l'interruption antérieure des branches de l'impression musculaire. La plupart
des auteurs hésitent à séparer *Anisomyon* de *Williamia ;* cependant, dans
ce dernier genre, le lobe isolé est placé plus en avant, quand il est visible,
et n'a pas l'allongement anormal que paraît présenter celui des *Anisomyon*,
si toutefois les figures données par Meek sont fidèles ; quant à la position
du sillon pulmonaire, je viens d'indiquer à propos du genre *Williamia*,
qu'elle est bien du côté gauche dans *Patella Gussoni*, à la condition qu'on
oriente le côté le plus court vers le bas ; tandis que dans les *Anisomyon*, si
on les oriente de manière que le moule présente le sillon du côté droit, c'est
à-dire de manière que la coquille présente ce sillon du côté gauche comme les
Siphonaria, c'est vers le haut qu'est dirigé le côté le plus court, du moins
pour la plupart des espèces que Meek a classées dans ce genre. Il y a donc
là un motif de plus pour admettre la séparation d'un genre complètement
distinct des *Siphonaria*.

Répart. stratigr.
Senonien......... Plusieurs espèces dans la Craie des États-Unis (*A.
patelliformis, borealis, alveolus, Shumardi, subova-
tus, sexsulcatus*, Meek et Hayden) d'après les figures
données par ces auteurs.

ACRORIIDÆ

Coquille irrégulière, assez élevée ; sinus pulmonaire plus ou
moins creux, marqué extérieurement par une arête longitudinale
plus ou moins saillante, vers laquelle s'incline le sommet ; impression musculaire plurilobée ?

Observ. — Cette famille, que j'ai proposée dans l'appendice n° 1 de mon
Catalogue de l'Eocène (1892), ne devait comprendre que le genre *Acroria*,
le seul dont l'impression musculaire ait été étudiée ; mais, indépendamment des caractères anormaux de cette impression, il y a lieu de remarquer
que *A. Baylei*, type de ce genre, a le sommet incliné précisément du côté du
sinus qui, d'après l'anatomie de l'animal, correspond généralement à l'extrémité antérieure ; or, en examinant, d'une part, les *Hercynella* siluriennes,
d'autre part certaines coquilles jurassiques que l'on confond avec les *Scurria*, j'ai constaté que l'arête externe plus ou moins émoussée qui est
probablement l'indice de l'existence d'un sillon pulmonaire, est orientée

dans la même direction que le sommet de la coquille. Il est donc admissible, au moins à titre provisoire, de rapprocher ces deux formes des *Acroria* et de les placer dans la même famille jusqu'à ce qu'on ait pu en étudier aussi l'impression musculaire, pour vérifier si elle est analogue à celle de notre *Acroria Baylei*.

Tableau des genres, sous-genres et sections

ACRORIA

|

? HERCYNELLA
? RHYTIDOPILUS

           ACRORIA
           VASCULUM

ACRORIA, Cossm. 1885.

ACRORIA, *sensu stricto.*   Type : *Nacella Baylei*, Cossm. Eoc.

Test assez mince ; forme d'une montagne étroitement comprimée ; sommet subcentral, pointu, faiblement incliné ; surface lisse, munie d'une arête émoussée, qui n'est pas exactement dans l'axe longtiudinal de la coquille, mais qui correspond à la partie excavée de la région dorsale, vers laquelle s'incline le sommet ; impression musculaire étroite, en fer à cheval, à branches inégales, se terminant par deux lobes plus larges et subquadrangulaires ; de chaque côté de la gouttière du sinus, il existe, en outre, à gauche, un lobe isolé et écarté de l'extrémité de la branche gauche de l'adducteur, à droite une cicatricule rayonnante terminée en massue un peu plus bas que l'extrémité de la branche droite de l'adducteur et que l'autre lobe isolé.

Diagnose prise d'après un individu typique d'Hérouval
(Pl. V, fig. 14-16), coll. Bernay.

Observ. — Je n'ai constaté, d'une manière à peu près précise, la disposition plurilobée de cette impression musculaire que sur un seul individu, et d'une manière plus douteuse sur un autre échantillon ; la plupart de ces

coquilles ont la surface interne vernissée et l'adducteur ne paraît y avoir
laissé aucune trace en creux, quelque soin qu'on prenne de faire miroiter
l'intérieur du test. Dans ces conditions, il faut encore être très réservé sur
les hypothèses relatives à l'anatomie de l'animal qui habitait les *Acroria;*
il est bien évident qu'ils possédaient un orifice pulmonaire, de sorte qu'on
peut, presque à coup sûr, les placer dans les *Thalassophila;* mais je n'ai
pas essayé d'expliquer le rôle que pouvait jouer la cicatricule rayonnante,
comprise entre les deux branches de l'adducteur et ne coïncidant pas avec
la gouttière de cet orifice, ni la raison pour laquelle il existe un autre lobe
isolé, du même côté que la branche gauche, par rapport à la gouttière du
sinus : autant la présence de ce lobe s'explique de l'autre côté, pour mieux
agrafer le manteau de part et d'autre de l'orifice respiratoire, autant elle
est peu explicable du même côté, quand il suffirait que la branche gauche
s'allongeât un peu davantage. Il est non moins remarquable que le sommet
soit incurvé dans la direction de l'arête qui correspond au sinus pulmonaire, ce qui dénoterait pour l'embryon, une position inverse de celle qu'il
occupe dans les *Siphonariidæ.*

Répart. stratigr.
EOCÈNE . . . .   L'espèce type dans les sables suessoniens d'Hérouval,
                          ma coll., coll. Bourdot, Bernay, etc...
? MIOCÈNE . . . .   Une espèce dans les faluns de la Touraine (*A. irregu-
                          laris*, Dollf, et Dautz.); l'échantillon que les auteurs
                          m'ont communiqué, est trop roulé pour qu'on puisse
                          distinguer l'impression musculaire, et sa surface
                          extérieure, marquée de costules obliques comme les
                          corps étrangers en impriment sur les *Anomia*, ne
                          paraît pas porter l'arête caractéristique des *Acroria*,
                          de sorte que cette citation me semble très douteuse.

VASCULUM, Ch. White, 1889.

                    Type : V. *obliquum*, Ch. White. Paléoc.

Forme conique, asymétrique, élevée ; sommet presque central,
à nucléus obliquement enroulé ; surface lisse, munie d'une arête
émoussée, curviligne et déviée à gauche de l'axe longitudinal de
la coquille, du côté où la région dorsale est excavée et vers lequel
s'incline le sommet ; cette arête est limitée d'un côté par une strie
rayonnante, et, de l'autre, par une dépression peu profonde ; péritrème basal presque régulièrement ovale ; impression musculaire?

Diagnose prise d'après le texte et les figures 19-21 de la Pl. IV du Bull. of Geol. Surv. U. S.; reproduction des figures (Pl. VII, fig. 4-6).

Observ. — Cette coquille est classée par l'auteur dans les *Fissurellidæ*, mais il en signale lui-même l'affinité avec les *Siphonariidæ* et *Gadiniidæ*; elle me paraît être tout au plus un sous-genre d'*Acroria;* sa forme dissymétrique, sa rainure déviée de l'axe, précisément du côté où s'incline le sommet, l'écartent absolument des *Fissurellidæ;* au contraire, lisse comme une *Acroria*, muni d'une arête dorsale à peu près identique, le sous-genre *Vasculum* ne se distingue de notre genre que par son péritrème plus ovale (et encore il n'est pas sûr que cette coquille ne possède pas un bec rostré du côté où le test a été mutilé et où le contour a été approximativement restauré), par son sommet enroulé, tandis qu'il est obtus (peut-être par suite de l'usure) dans les *Acroria;* pour décider si *Vasculum* est simplement synonyme postérieur, il faudrait qu'on pût en étudier l'impression musculaire.

Répart. stratigr.
Paleocene . . . . . . L'espèce type dans le groupe de Laramie, en Californie, d'après Ch. White.

HERCYNELLA, Kayser, 1878.

[= *Pilidium*, Barr. *mss.*, *non* Mull., 1847, *nec* Forbes
et Hanley, 1849, *nec* Midd., 1851].

Hercynella, *sensu stricto.* Type : *H. Beyrichi*, Kayser. Silur.

Grande taille; forme patelloïde, arrondie, dissymétrique ; sommet un peu latéral, faiblement incliné vers une arête rayonnante, bien limitée, un peu déviée en courbe, et dont l'extrémité produit une saillie sur le bord de la coquille ; surface ornée de stries radiales très fines et de lignes d'accroissement irrégulières ; à l'intérieur, une gouttière correspond au pli externe ; impression musculaire ?

Diagnose d'après le Manuel de Paléontologie de Zittel, reproduction de la figure (Pl. VII, fig. 20) gisement de Lochkow.

Observ. — Si l'on suppose que cette coquille soit comprimée latéralement, on obtient à peu près la forme d'une *Acroria*, l'arête est déviée à gauche de l'axe longitudinal, le côté antérieur étant orienté vers le haut ; je n'ai malheureusement aucune autre certitude au sujet du classement de ce genre que Zittel place dans les *Siphonariidæ* et que Fischer rapproche des *Capulidæ*, et qui me paraît plutôt appartenir aux *Acroriidæ*.

Répart. stratigr.

Silurien . . . . Une espèce dans les couches siluriennes supérieures de Bohême, d'après Kayser.

RHYTIDOPILUS, *nov. gen.*

[= *Scurria, Patella auct.*].

Rhytidopilus, *sensu str.*   Type : *Patella humbertina*, Buv. Séq.

Test mince ; forme conique, ovale, plus ou moins irrégulière ; sommet subcentral, obtus, faiblement incurvé ; région dorsale un peu excavée en avant du sommet, légèrement bombée en arrière ; surface ornée de rides d'accroissement peu régulières, souvent entremêlées de stries d'accroissement plus fines ; arête obtuse partant du sommet et se dirigeant vers le bord antérieur, en se déviant un peu en courbe par rapport à l'axe longitudinal ; impression musculaire ?

Diagnose prise d'après un échantillon typique du Mont des Boucards (Pl. VI, fig. 8-10) coll. Pellat.

Observ. — Le genre que je propose de classer provisoirement dans la famille des *Acroriidæ*, à côté du genre *Hercynella*, a pour type un corps que M. de Loriol, sur l'avis textuellement cité de Deshayes, n'a pas hésité à rejeter de la Conchyliologie, en l'attribuant à une empreinte de vertèbre. Après un examen très attentif de ce type, je crois, malgré l'opinion de ces savants, pouvoir affirmer que cette explication n'est pas soutenable et qu'il s'agit bien effectivement d'une coquille : outre que les échantillons en question n'ont pas la symétrie de contour et de cavité qu'exigerait le moulage de la partie concave d'une vertèbre, leurs rides concentriques, et surtout l'arête courbe et déviée qu'ils présentent invariablement du côté antérieur, ne permettent pas de leur attribuer une telle origine ; au contraire, ils présentent une analogie incontestable avec les *Hercynella*, quoique leur arête soit plus émoussée et orientée un peu différemment; si, comme je l'ai déjà fait remarquer à propos des *Hercynella*, on les suppose comprimé latéralement, on obtient assez exactement une *Acroria* ridée. Quoique l'impression musculaire ne soit pas visible dans les *Rhytidopilus* étudiés jusqu'à présent, cela n'autorise pas à affirmer, comme l'a écrit Deshayes, qu'elles n'existe pas, d'autant plus que le test était si mince que le moule n'est pas susceptible de porter la trace de cette impression.

Répart: stratigr.

BATHONIEN ...... Une espèce en Normandie et à Conlie (*Scurria? Douvillei*, Cossm.) coll. Desl.

SEQUANIEN ...... L'espèce type dans la Meuse et le Boulonnais.

KIMERIDGIEN .... Une espèce à peu près certaine dans l'argile de Villerville (*Patella castellanea*, Thurm.) coll. Desl.

PORTLANDIEN .... Une espèce probable dans le Barrois (*Patella suprajurensis*, Buv.) d'après la figure donnée par l'auteur.

? ALBIEN .... Une espèce peu certaine, dans le gault de Cosne (*Scurria conica*, d'Orb.), d'après la figure de M. de Loriol, qui indique un pli rayonnant, dévié en courbe.

GADINIIDÆ

Coquille patelliforme, à sillon pulmonaire, extérieurement ornée ; sommet excentré du côté postérieur.

Observ. — Pour distinguer cette famille des *Siphonariidæ*, il faut se fonder surtout sur l'anatomie de l'animal, qui n'a ni mâchoire, ni branchies ; comme la coquille présente des caractères presque identiques dans les deux familles, il n'y a pas de certitude de l'existence de *Gadiniidæ* fossiles: le seul indice qu'on ait, consiste dans l'ornementation un peu différente de la surface et dans la position du sommet.

EXPLICATION DES PLANCHES

PLANCHE I

1. ACTÆON SUBINFLATUS, d'Orb.	Eocène	grossiss¹ 4 fois.
2. ACTÆON GMELINI, Bayan.	Eocène	grossiss¹ 4 fois.
3-4. SOLIDULA BEVALETI, (Baudon).	Eocène	grossiss¹ 5 fois.
5-6. TORNATELLÆA SIMULATA, (Sol.).	Eocène	grossiss¹ 3 fois.
7-8. SEMIACTÆON SPHÆRICULUS, (Desh.).	Eocène	grossiss¹ 5 fois.
9. CRENILABIUM ACICULATUM, Cossm.	Eocène	grossiss¹ 8 fois.
10. RICTAXIS PUNCTATOCÆLATUS, (Carp.).	Vivante	grossiss¹ 2 fois et 1/2.
11-12. BULIMACTÆON BERNAYI, Cossm.	Eocène	grossiss¹ 3 fois.
13-14. SULCOACTÆON STRIATOSULCATUS (Zitt. et Goub)	Raurac.	grossiss¹ 4 fois.
15. ADELACTÆON PAPYRACEUS, (Bast.).	Miocène	grossiss¹ 4 fois.
16-17. LIOCARENUS CONOVULIFORMIS, (Desh.).	Eocène	grossiss¹ 1 fois et 1/2.
18-19. NUCLEOPSIS SUBVARICATUS, (Cour.).	Eocène	grossiss¹ 5 fois.
20-21. ACTÆONIDEA MUNIERI, (Desh.).	Eocène	grossiss¹ 4 fois.
22. STRIACTÆONINA AVENA, (Terq.).	Sinémur.	grossiss¹ 2 fois.
23-24. OVACTÆONINA SPARSISULCATA, (d'Orb.).	Charmouth.	grossiss¹ 2 fois.

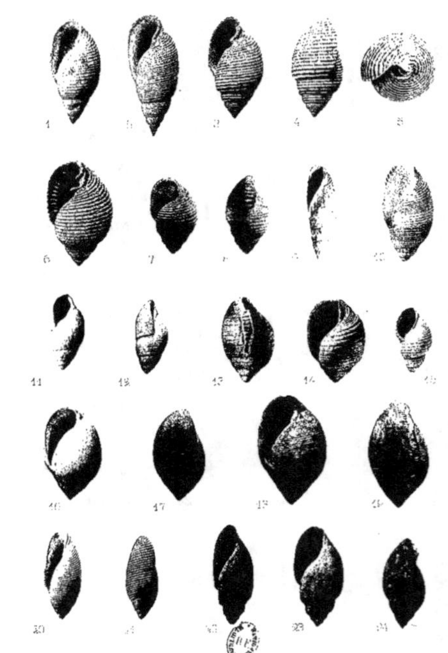

PLANCHE II

1.	Cylindrobullina fragilis, (Dunker)	Sinémur.	grossiss^t 3 fois.
2-3.	Goniocylindrites brevis, (Morr. et Lyc.).	Bathon.	grandeur naturelle.
4.	Actæonina acuta, d'Orb.	Séquan.	réduction à 2/3.
5-6.	Conactæon cadomensis, (Desl.).	Charmouth.	grandeur naturelle.
7-8.	Euconactæon concavus, (Desl.).	Charmouth.	grandeur naturelle.
9.	Globiconcha rotundata, d'Orb.	Cénoman.	grandeur naturelle.
10.	Douvilleia arenaria, (Mellev.).	Eocène	grandeur naturelle.
11-12.	Sabatia Isseli, Bellardi.	Pliocène	grossiss^t 1 fois et 1/2.
13-14.	Actæonella lævis, d'Orb.	Turon.	grandeur naturelle.
15-16.	Cylindrites cylindricus, Morr. et Lyc.	Bathon.	grandeur naturelle.
17.	Cylindrites acutus, (Sow.).	Bathon.	grossiss^t 1 fois et 1/2.
18-19.	Volvocylindrites marcousanus, (Guir. et Og.).	Séquan.	grossiss^t 2 fois.
20.	Actæonella terebellum, Cossm.	Turon.	grandeur naturelle.
21-22.	Tornatellæa Lapparenti, Cossm.	Urgon.	grossiss^t 3 fois.

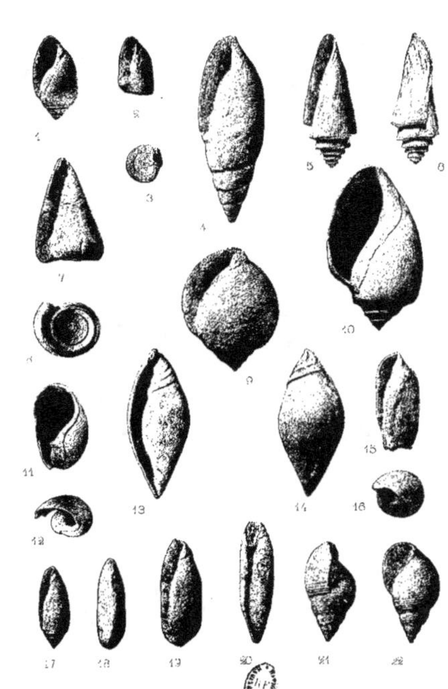

M. Ridel, photogr.　　　　　Schier et Gampy, 33, rue Hallé. — Paris.

PLANCHE III

M. Boursault, phot.   Sohier et Compy, 23, rue Hallé. — Paris

PLANCHE IV

1-2.	Volvulella Dekayi, (Lea).	Eocène	grossiss[t] 4 fois.
3-5.	Scaphander conicus, Desh.	Eocène	grandeur naturelle.
6-7.	Bulla striata, Brug.	Pleistoc.	grossiss[t] 1 fois et 1/2.
8-10.	Bullinella Verneuili, (Desh.).	Eocène	grossiss[t] 1 fois et 1/2.
11-13.	Acrocolpus plicatus, (Desh.).	Eocène	grossiss[t] 4 fois.
14-16.	Cylichnella vasatensis, Benoist.	Miocène	grossiss[t] 7 fois.
17-19.	Cylichnina cylindroides, (Desh.).	Eocène	grossiss[t] 2 fois.
20-22.	Roxania ovulata, (Lamk.).	Eocène	grossiss[t] 2 fois.
23-24.	Roxania semistriata, (Desh.).	Eocène	grossiss[t] 2 fois.
25-27.	Acera striatella, (Lamk.).	Eocène	grossiss[t] 2 fois.
28-29.	Haminea cornea, (Lamk).	Miocène	grossiss[t] 2 fois et 1/2.

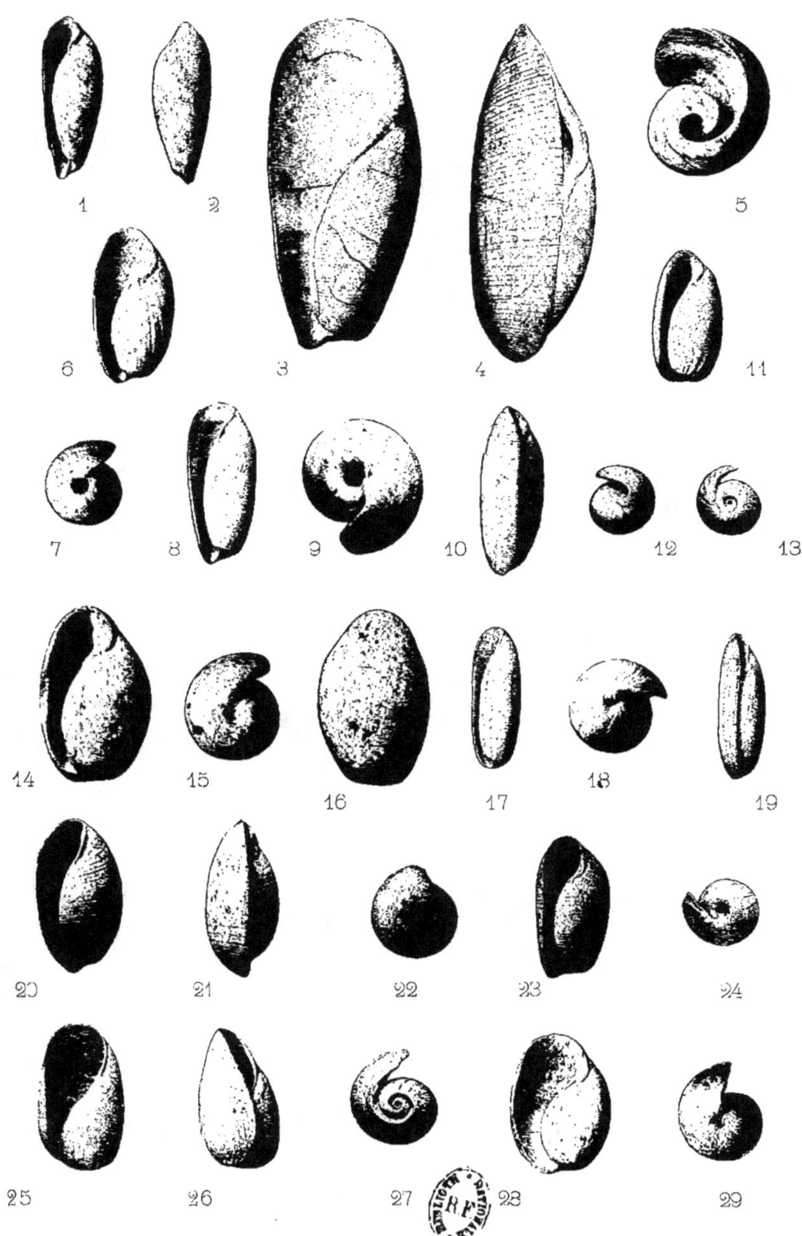

PLANCHE V

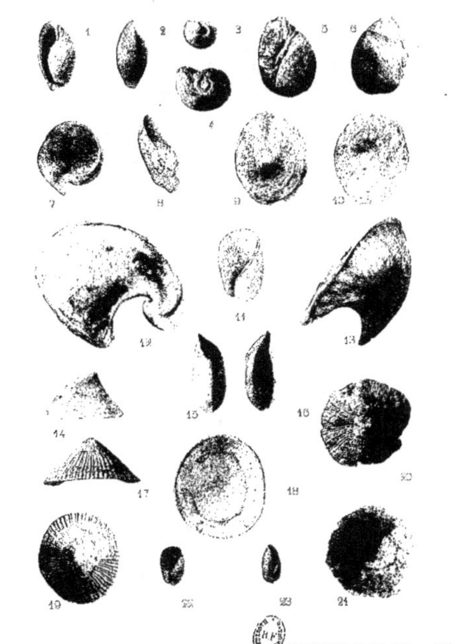

PLANCHE VI

1-3. ERIPTYCHA DECURTATA, (Sow.)	Turon.	grossiss' 3 fois.
4-5. CERITELLA CONICA, (Mor. et Lyc.)	Bathon.	grossiss' 2 fois.
6-7. EOATLANTA SPIRULOIDES, (Lamk.)	Eocène	grossiss' 8 fois.
8-10. RHYTIDOPILUS HUMBERTI, (Buv.)	Séquan.	grossiss' 2 fois et 1/2.
11-12. RINGICULOSPONGIA BOXELLII, (Desh.)	Miocène	grossiss' 2 fois et 1/2.
13. PHILINE APERTA, (Lin.)	Vivante	grossiss' 1 fois et 1/2.
14. RAINCOURTIA INCILIS, Fischer.	Pliocène	grossiss' 10 fois.
15-16. BULLA MARULLENSIS, Cossm.	Néocom.	grossiss' 1 fois et 1/2.
17. TROCHACTÆONINA BIGOTI, Cossm.	Raurac.	grossiss' 6 fois.
18-19. ACTÆONELLA BOUTILLIERI, Cossm.	Barrém.	grossiss' 3 fois.
20-22. GADINIA SULCATA, (Borson)	Miocène	grossiss' 3 fois.
23-24. ACERA NEOCOMIENSIS, Cossm.	Néocom	grossiss' 1 fois et 1/2.
25. OVACTÆONINA URGONENSIS, Cossm.	Barrém.	grossiss' 6 fois.
26-27. RINGICULA TURONENSIS, Cossm.	Turon.	grossiss' 5 fois.
28-29. SULCOACTÆONIUS OVOIDE, Cossm.	Barrêm.	grossiss' 3 fois.
30. RETUSA TENUISTRIATA, (Cotteau).	Barrêm.	grandeur naturelle.

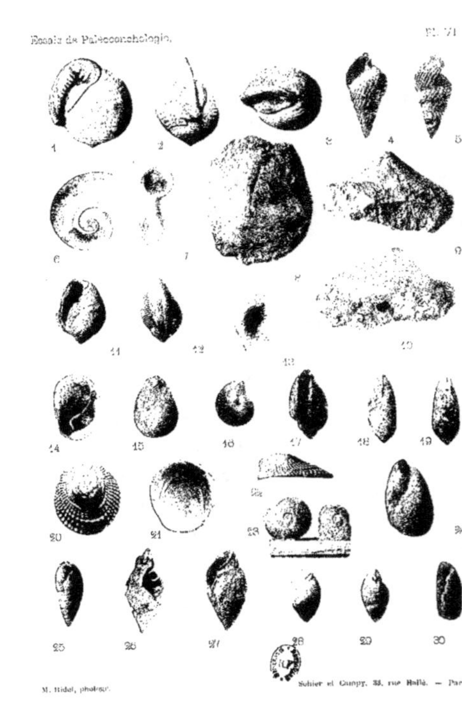

Sohier et Cie, Impr. 33, rue Hallé. — Paris

PLANCHE VII

1-2.	HERMANIA SCABRA. (Müll.)	Pliocène	d'après Wood.
3.	OSSIANIA QUADRATA, (Wood)	Pliocène	d'après Wood.
4-6.	VASCULUM OBLIQUUM, Ch. White	Paléocène	d'après White.
7-8.	BLANCIA MACEANA, Bourg.	Turon.	d'après Bourguignat.
9.	CABINARIA HUGARDI, Bellardi	Miocène	d'après Bellardi.
10.	CERITELLA ACUTA. Morr. et Lyc.	Bathon.	d'après Morris et Lycett.
11.	RINGICULOCOSTA COSTATA, (Eichw.)	Miocène	d'après nature.
12.	FIBULA UNDULOSA, Piette	Bathon.	d'après Piette.
13.	TYLODINA PUNCTULATA, Rafin.	Vivante	d'après Tryon.
14.	DOLABELLA ALDRICHI, Dall.	Miocène	d'après Dall.
15.	OLIGOPTYCHA CONCINNA, (Hall et Meek).	Sénon.	d'après Meek.
16.	CYLINDRITELLA TRUNCATA, Ch. White.	Sénon.	d'après White.
17.	CINULIA GLOBULOSA, (Desh.)	Néocom.	d'après d'Orbigny.
18.	ANISOMYON PATELLIFORMIS, Meek et Hayden	Sénon.	d'après Meek.
1 .	TRIPLOCA LIGATA, Tate.	Eocène	d'après Tate.
20.	HERCYNELLA BEYRICHI, Kayser.	Silur.	d'après Zittel.

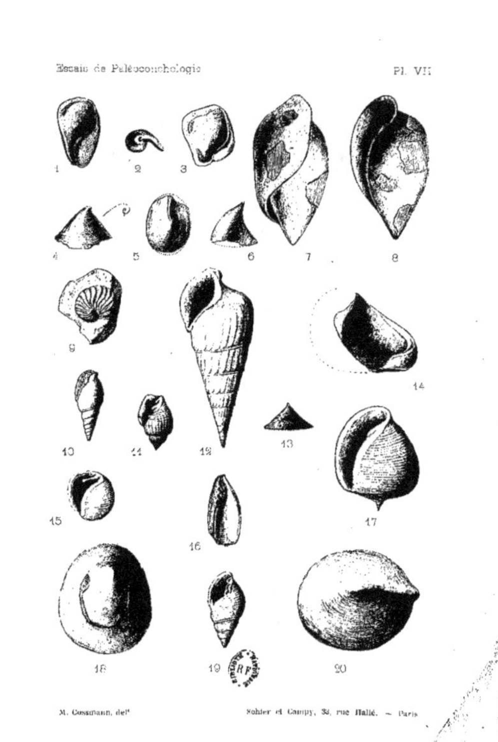

M. Cossmann, del.

Sohier et Campy, 33, rue Hallé. — Paris